衔尾蛇 书系·认知科学前沿典藏
Ouroboros

工具的苏醒

智能、理解和信息技术的本质

谢耘 著

机械工业出版社
CHINA MACHINE PRESS

在20世纪一系列影响文明进程的重大事件中，通用可编程电子计算机的出现全面而深刻地改变了人类的命运。但是，以计算机为核心的信息技术的独特本质却并没有被清晰地揭示出来，它几乎一直被混同于人类发明的众多工具之中。事实上，信息技术是与其他所有技术都迥然不同的一个"异类"，具有非常独特的属性，对人类的深刻影响也与其他技术大相径庭。它是人类经历几十万年的演化，在现代科学与技术充分发展的基础上实现的史无前例的创造，开创了人类文明的新纪元。在信息技术不断创造新的"神话"的今天，我们有必要认清它的独特本质，分析它的发展规律，展望它可能的未来，以避免盲目的行动，从而更好地驾驭这个独特的创造，造福人类的未来。

图书在版编目（CIP）数据

工具的苏醒：智能、理解和信息技术的本质 / 谢耘著. -- 北京：机械工业出版社，2025.3. -- ISBN 978-7-111-77719-9

Ⅰ. TP3

中国国家版本馆CIP数据核字第2025UP5838号

机械工业出版社（北京市百万庄大街22号 邮政编码100037）

策划编辑：坚喜斌　　　　　责任编辑：坚喜斌　刘林澍
责任校对：陈　越　张　薇　　责任印制：刘　媛
唐山楠萍印务有限公司印刷
2025年4月第1版第1次印刷
160mm×235mm · 19印张 · 3插页 · 205千字
标准书号：ISBN 978-7-111-77719-9
定价：88.00元

电话服务　　　　　　　　　网络服务
客服电话：010-88361066　　机 工 官 网：www.cmpbook.com
　　　　　010-88379833　　机 工 官 博：weibo.com/cmp1952
　　　　　010-68326294　　金 书 网：www.golden-book.com
封底无防伪标均为盗版　机工教育服务网：www.cmpedu.com

没有"离经叛道",就没有创新;
没有创新,就永远受制于人。

推荐序

用科学理性的思维在混乱中建立秩序

我与谢耘博士共事多年,对他在治学方面的严谨态度和在科学领域的涉猎广度,尤其是他对以计算机为核心的信息技术的钻研之深是有所了解的。

近几年来,在社交网络和自媒体的推动下,科技领域的新概念、新名词如雨后春笋般涌现,各种观点、各种说法莫衷一是。尤其自2022年11月30日美国OpenAI公司发布ChatGPT(预训练生成式大语言模型)以来,网络上众说纷纭。有人欢呼,说这是人工智能的伟大成果;有人惊恐,认为这是人类的灾难,人工智能将毁灭人类。美国企业家马斯克的言论更是具有相当大的煽动性和蛊惑性,他认为人类社会是一段非常简单的代码,本质上是一个生物引导程序,最终将导致硅基生命的出现。马斯克的这个观点得到了中文互联网世界的大肆炒作,但鲜有人说明此言论的出处。有据可查的是2023年9月,一篇题为《关于马斯克"人类社会是硅基生命的开启程序"的底层逻辑探讨》的文章开始在网络上流传。无独有偶,另一篇题为《人类的使命可能已经结束,只是硅基生命的启动程序,人类终将灭绝》的文章将一个科学和技术问题描述得愈发骇人听闻。许多骗子和投机分子趁机起哄，一时令人不知所措。

我读过谢耘博士发表的几篇有关人工智能的文章，它们对我认识人工智能有所启发。于是我向谢耘博士求教，因为我感到在当前这种混乱的舆论中，已经不容易看清问题的本质了。

谢耘博士也看出了我的困惑，8月13日，他将这本新书的草稿发给我，让我提些看法和意见。

在自媒体野蛮生长的时代，人们难免要受"语不惊人死不休"的创作风格影响。但读到本书的目录时，我就知道这是一部倾注了心血的著作。我认真读完一遍之后，感到谢耘博士的确下了功夫，他试图用科学理性的思维在一片混乱中建立起科学认知和科学普及的新秩序。

这本书共6章，28节。每一节都对我们耳熟能详的概念进行了拨乱反正式的解释，这一点是难能可贵的。因为在当前的网络舆论环境中，一些所谓的"专家""大V"们为了获取流量和收益，故意将平实的概念说得神乎其神，以显示其高人一等。拥趸们则不加甄别，甚至以讹传讹。有人把这种现象戏称为"傻子共振"。如果任由这种现象持续下去，导致的危害将难以估量。在混乱中建立秩序必须从对基本概念的拨乱反正做起，而要做这样的工作就必须有无畏的勇气。因此，作者在一开篇就发出了"没有离经叛道，就没有创新；没有创新，就永远受制于人"的呐喊。这是对当下混乱不堪的网络环境的一封宣战书。

这本书有许多新的提法，我还是第一次看到。比如，谢耘博士认为我们低估了1946年诞生的通用可编程电子计算机的伟大意义。为论证这一新的提法，他回顾人类科技发展史，将计算机诞生前的大多数科技发明归于"物质性的工具"一类，将以计算机为核心的信息技术称为"意识性的工具"。又如对"信息"这一应用广泛的概念，国内外的许多专家学者都给出过自己的定义，而谢耘博士经过论证指出，信息是一种意识的存在。如果把大脑的意识活动称为"内意识"，那么电子计算机的算法和程序的运行过程就是与大脑中的"内意识"相对应的"外意识"。这种新的阐述和"外意识"概念的提出，有助于我们更好地理解人工智能的各种表现。这样的新提法或对概念的新诠释，在书中还有许多。这是谢耘博士厚积薄发的结果。

对一些我们耳熟能详的概念，在某一领域内的精确解释是完全必要且不可或缺的。因为在描述某一领域的现象并为其建构理论时，科学家首先会使用自然语言。当一个理论成熟并形成相关定理后，科学家们又会使用专业符号语言和数理逻辑语言进行形式化的表达。自然语言丰富、灵活，但准确性不如专业符号语言和数理逻辑语言。语言的灵活性和准确性呈负相关。因此当我们用常用的自然语言词汇定义一个新学科的概念时，就必须对其本质进行科学的诠释，否则就会引起混乱。这样的新提法和新诠释在书中还有一些，在此不一一列举。

谢耘博士的这本书谈的主要是对人工智能的理解。在当前混乱的舆论环境中，基于理性去分析、解释，并对未来做出判断的科学精神是难能可贵的。所谓"理性"就是在分析、判断和解决问题时要有准确的概念，归纳出事物的真实本质，据此进行前提正确的逻辑推理。谢耘博士在谈论人工智能这个当前最热门的话题时做到了理性。不畏浮云遮望眼，只缘身在最高层。

推荐序　用科学理性的思维在混乱中建立秩序

在通用可编程电子计算机诞生后,人类开始设计各种程序和算法,引导计算机通过逻辑数字计算解决问题,这个过程就是谢耘博士定义的"外意识"。这种定义也决定了"外意识"是人的思维"内意识"的"映射"。在外意识发挥作用的过程中,人依然是主导者,这样一来,人工智能超越和毁灭人类的说法就不攻自破了。电子计算机在运行速度和可处理的数据量方面大大超越了人类,因此人工智能在这些方面也将大大超越人类,但是这种强大源于人的安排设计。为了说明这个道理,谢耘博士在书中举了许多有说服力的例子。至于充斥当前媒体的关于人工智能的一些耸人听闻的谣言,则不在理性讨论的范围之内。这些言论往好里说可以叫"神话",往坏里说就是"邪说"。不值得我们浪费时间和精力。

阅读此书给我的另一个感受就是它不仅让我对人工智能这样的科技前沿有了一个清晰的认识,对科技本身也有了更深刻的理解。科学产生自与哲学的告别。2000多年前,没有完整的科学体系,只有杂家式的学问,大学者往往集"百家"于一身。科学告别了哲学之后,不再执着于"本体""存在"等关于"为什么"的问题,而是通过感性认识和归纳总结,专注于物质世界和精神世界的现象和规律,描述"是怎样"。近现代科学的集大成者是牛顿,《自然哲学的数学原理》标志着近代科学的正式诞生。300多年来,人们一直遵循牛顿的方法论进行科学研究和技术创新。书中对科学的发展和100多年来重大的科学发现有详细的论述,这是一场对科学本身的科普。

进入21世纪,人类面临百年未有之大变局,不仅体现为国际政治经济形势的变化,也体现为科技发展模式的变化。

这种变化的具体表现就是物质性的科学发表和科技发明的速度放慢，而意识性的科学发现和科技发明的速度加快。典型的例子就是人工智能的快速发展。当然，人们对人工智能的看法千差万别，这正是新事物出现时的正常现象。谢耘博士对此的提法是：智能革命开启了文明的智能纪元。

坦率地说，我对谢耘博士书中的许多新概念和新提法并不完全理解。这很正常，因为每个人的知识背景和治学水平不同，实践经验更是千差万别。比如，书中对机器学习过程的论述我就不太理解，因为我在这方面的知识有所欠缺，也缺乏实践。但这些论述哪怕有可能出错，能够提出问题本身就很难得。爱因斯坦就曾表示，提出一个问题往往比解决一个问题更重要。

《工具的苏醒：智能、理解和信息技术的本质》是一本难得的、值得认真一读的好书，感谢谢耘博士将书稿发给我，让我先睹为快。应作者之嘱，我谈了一些肤浅的体会，草成一篇以为序。

肖方晨

青岛东华信息与系统科学技术研究院院长

中国计算机用户协会网络分会荣誉理事长

2024 年 10 月 22 日

目 录

推荐序　用科学理性的思维在混乱中建立秩序

1 让意识挣脱大脑：被误读的信息技术 ...001

    1.1　耀眼群星中的一颗小星星：被低估与误解的现代电子计算机 ...005

    1.2　被误解的信息：一种意识性的存在 ...017

    1.3　现代电子计算机："外化"意识活动的技术与工具 ...024

    1.4　从"内意识"表层长出的"外意识" ...029

    1.5　智能革命开启文明的智能纪元 ...036

2 "暴力计算"时代的"外意识"："上帝"般的自由创造 ...047

    2.1　真假"上帝"：从物质到意识的"创世纪" ...049

    2.2　"暴力计算"点石成金 ...053

2.3 意识性工具的构建 ...062
2.4 凡夫的迷茫与"上帝"的快感 ...070
2.5 现代工匠技艺的"孤狼"式创新 ...078
2.6 "外意识"隐形的"锚链"和稳固的"锚点" ...084

3 "外意识"的算法本质 ...091

3.1 "外意识"构建的模式:用"算法"解决逻辑数值计算与处理类问题 ...095
3.2 "机器学习":借助"学习算法"确定解决问题的算法 ...101
3.3 "外意识"算法的几个特性 ...111
3.4 "肤浅"的统计与深刻的洞察 ...127
3.5 "上帝"的尴尬:"不可解释性" ...142

4 理解:人与机器学习的异同 ...153

4.1 实在感知——"理解"的基础 ...158
4.2 "理解"是多重的复杂关联 ...161
4.3 知道、了解与理解之间的鸿沟 ...176
4.4 机器学习获得的"统计性理解" ...181
4.5 "外意识"的感性与理性认知 ...198

5 "外意识"如何走通科学之路 ... 205

5.1 历史的借鉴：科学的起步与新范式的构建 ... 209

5.2 科学领域的玄学信仰："涌现" ... 221

5.3 人类的"止境"：现代科学的五大难题 ... 229

6 "外意识"的未来发展与挑战 ... 247

6.1 人类创造的本质与"外意识"的使命 ... 251

6.2 "外意识"的一片广阔蓝海：个人数字化 ... 260

6.3 "外意识"爆发给"人之所以为人"带来的挑战 ... 276

6.4 回归凡夫：人类感知与认知的边界 ... 285

致谢 ... 292

1

让意识挣脱大脑：
被误读的信息技术

20世纪,是人类发展史上风云激荡的年代。两次世界大战,"文明国家"率先开打,把人类家园打得一片狼藉,致使生灵涂炭;民族解放运动风起云涌、席卷全球,终结了帝国主义列强维持了近一个世纪的世界殖民体系;世纪刚刚进入最后一个十年,曾经的世界两极之一苏联又出乎所有人预料地自己选择了"安乐死"。

穿插于这一系列影响人类文明历程的重大事件之中、从技术层面最全面深刻地改变了人类命运的,当属19世纪后期开始、持续到20世纪前半叶的人类科技的爆炸式发展。

在这段时间里,人类的基础科学理论实现了以相对论、量子物理为代表的巨大发展。相伴而来的,是材料、能源、通信,交通运输等工程技术领域几乎全方位的突破。

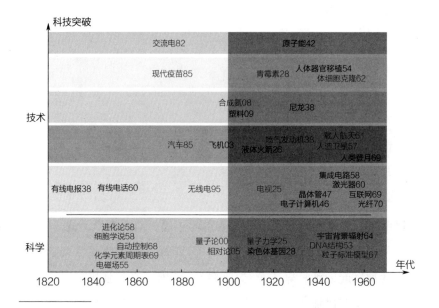

图1-1 19世纪至20世纪科学技术的爆炸式发展
（图中文字后面的数字，是该突破完成年份的后两位）

在一系列的技术突破中，就有通用可编程电子计算机。它是如今深刻地改变了人类社会的，也最善于制造社会热点话题的信息技术的核心。进入21世纪的第二个十年后，信息技术更是成为了全球高科技竞争的制高点与大国博弈的核心领域。

但是，以计算机为核心的信息技术的独特本质长期以来却并没有被清晰地揭示出来，计算机一直以来仅被视为人类发明的众多工具之一。在近年来流行的"第四次工业革命"的说法中，作为信息技术发展前沿的人工智能被与新材料、新能源等领域的众多新技术相提并论。

事实上，信息技术是一种与其他所有技术都迥然不同的"异类"，具有完全不同的属性，深刻影响人类的具体方式也大相径庭。它是在漫长的人类进化和现代科学与技术充分发展的基础上诞生的史无前例的造物，开创了人类文明的新纪元。在信息技术不断创造新"神话"的今天，我们或许很有必要花些时间静下心来认清它的独特本质，分析它的发展规律，展望它可能的未来，以避免盲目地行动，更好地驾驭这个人类独特的造物，造福人类的未来。

在通用可编程电子计算机出现前，短期存在过机械/电子混合或纯电子的专用计算机。它们只是一种过渡性产品，不具有代表性，所以后面略去对它们的讨论。为了叙述的简洁，本文后面除非有特别说明，在不引起歧义的情况下，"通用可编程电子计算机"会根据具体上下文的需要被简写为"通用电子计算机""现代电子计算机"或"计算机"。

1.1 耀眼群星中的一颗小星星：被低估与误解的现代电子计算机

在其诞生后的很长一段时间里，电子计算机并没有给社会造成巨大的冲击，仅仅是作为应对涉及巨量计算的高端科研工作的一种工具而被使用。而同时代的许多技术，在刚刚诞生或诞生不久便被赋予了划时代的意义，戴上了各种耀眼的桂冠。如航空时代、电气化时代、原子能时代、太空时代等称谓均源于此。

电力技术几乎自诞生伊始便引起了全社会的瞩目。因为它与人类熟悉的机械现象迥然不同，名副其实地自带光环降临人间，以至于列宁在1920年有过一个著名的论断："共产主义就是苏维埃政权+全国电气化。"这句话折射出"电气化"在当时人们的心中至高无上的地位：一旦实现电气化，人类一切物质需求的满足就不在话下了。

图1-2　苏联当年的宣传画，画中文字为"列宁与电气化"（上），"共产主义就是苏维埃政权+全国电气化"（下）

电力技术毫无争议地成为了人类"第二次工业革命"的唯一旗帜，它确实无愧于这个荣誉：今天它几乎如空气一般成为了所有人须臾不可或缺的技术。

1957年10月4日,在总设计师谢尔盖·巴甫洛维奇·科罗廖夫(Серге́й Па́влович Королёв,1907年1月12日—1966年1月14日)的领导下,苏联航天团队将一个重83.6公斤、带有四条"辫子"(无线电天线)的金属球送入了太空。它里面装有两台只能发出"滴滴"信号的无线电发射机,没有任何实用价值。但这一天却被视为人类太空时代的开端,因为这是人类第一次得以挣脱地球的束缚,将触角伸向了原本只能遥望的太空,仿佛让凡夫们终于看到了可以"飞升仙界"的希望一般,激发了人类奔向宇宙的豪情壮志。

卫星发射成功后,科罗廖夫在发射现场的集会上向沸腾的人群激动而骄傲地宣布:"向宇宙的进军开始了。我们可以引以为自豪的是:我们祖国是向宇宙进军的先锋。"作为人类最伟大的科学家之一,他终于实现了自己为之奋斗了30年的梦想。(摘自《驯火

图1-3 人类第一颗人造卫星及其发射瞬间

人——宇宙飞船设计师科罗廖夫》，第76页，[苏]А.Л.罗曼诺夫著，富杰译，解放军出版社，1988年4月第1版）在"向宇宙进军"的宏伟前景诱惑下，美苏两国展开了旷日持久的太空竞赛，这场竞赛惊心动魄、影响深远，也硕果累累。

原子能利用的最初形态、其光芒让天空中的太阳黯然失色的原子弹出现时，对人类的震撼就更不用多说了。它让看到其爆炸的壮观场面的人们切实感受到了一种翻天覆地的力量。当时人们极其兴奋地认为很快就要拿到打开无限廉价能源供给之门的钥匙了，而这几乎意味着人们可以随心所欲。只是这个梦一直做到今天还没有成真。

无线电技术当年也是风光无限。意大利工程师伽利尔摩·马可尼（Guglielmo Marconi，1874年4月25日—1937年7月20日）用一个原始而简陋的无线电收发装置首次实现了用无线电传送信号，因此而获得了1909年的诺贝尔物理学奖。在发表获奖感言时，他坦言自己其实并不完全理解电磁场理论。这种背景与资历在诺贝尔奖的历史上可能也是绝无仅有的，由此可见无线电技术在当时人们心中的分量有多重。无线电技术也确实很快对社会产生了重大影响，在全球范围内涌现了数量众多的"无线电爱好者"。在人类如今屈指可数的几项高技术竞技中，就有自20世纪40年代兴起并持续至今的无线电测向项目。

图1-4 马可尼赖以获得诺贝尔物理学奖的无线电发射机（制造自1896至1897年）

与这些自带光环降临人间的造物相比，通用电子计算机这个当初占了一整间屋子的复杂庞大的设备，问世后显得多少有些寂寞。它更像是科学家手中又一件不太可靠、不太好用且极难伺候的算数工具。

图1-5 人类第一台通用电子计算机ENIAC（1964年，重30吨，占地170平方米）

电子计算机发明的初衷是要解决繁重的数字计算问题。而数字计算是人类拥有了上千年的并不复杂的技能，可以说了无新意。所以在当时看来，虽然通用电子计算机具有可编程能力，但它似乎不过就是传统的计算工具——如算盘、手摇计算机——的更加强大的现代翻版，无非能让人们在做数字计算的时候更省些力气。有它固然好，没它也能过得去——只是需要多加点班而已。

事实上，我国当年在两弹一星攻坚的时候，由于电子计算机数量有限，确实也曾使用手摇计算机甚至算盘解决了许多关键的计算问题。

1959年，苏联停止对华技术援助，撤回所有专家。离开前，有三位苏联核专家在课堂上留下了一个关于内爆过程中产生压力的技术指标。

对接下来需要自力更生完成原子弹研发的中国科学家们来说，这个重要参数本应极有帮助。但在研究人员历经二十天的计算核对之后，结果与苏联专家提供的参数仍有偏差，计算工作因此陷入了僵局。

一次计算解决不了怎么办？那就再来一次！

为了获得准确的结果，邓稼先带领研究人员用手摇计算机、计算尺乃至算盘反复计算。三个月内，科学家们三班倒地又进行了三次计算，却仍未得出和苏联专家一致的结果。四次计算后仍然一筹莫展，中国科学家的回答是继续做第五次、第六次，一直做到了第九次。

1961年中,物理学家周光召仔细分析了九次计算的结果,运用炸药能量最大功原理,从理论上证明了苏联专家提供的数据是有问题的。"

(摘自"中国第一颗核弹是算盘算出来的吗?丨老照片里的'两弹一星'故事",微信公众号"科技日报",2021年08月26日)

图1-6　邓稼先领导研制中国第一颗原子弹时使用的手摇计算机

图1-7　1970年中国发射第一颗卫星("东方红一号")时用算盘完成的热控方案的计算

可见，与曾经激发人类无限想象与热情的原子能、无线电、航天等开创性技术突破相比，当时的电子计算机更像是人类计算工具的进一步发展。虽然这个进步跨度不小，但看起来远不具有开疆拓土的意义，更难以产生令人们憧憬的遐想空间。电子计算机因此也被许多人称之为"电子算盘"，无缘身居那些为人类开启了神奇且充满想象的新领域的"明星技术"之列。

电子计算机就是以这种形象与地位进入人类社会的心理认知中的。第一印象一旦形成，便愈发顽固，逐步成为集体潜意识，误导着人类对以电子计算机为核心的信息技术的本质的理解。

比如，将其归入计算类工具、起源于算盘的这种叙事逻辑，至今依然被计算机专业的教科书所采用："今天的计算机有着庞大久远的世系渊源，其中较早的一种计算设备是算盘。历史告诉我们，它很可能源于中国古代且曾被用于早期希腊和罗马文明。"［摘自《计算机科学概论》第11版，［美］J. 格伦·布鲁克希尔（J. Glenn Brookshear）著］。

这多少有点像在一个孩子诞生于世、长大成人并有相当作为后，依然念叨他与猿猴之间其实存在某种渊源。这种叙事逻辑固然不是没有依据，但却十分浅薄，而且掩盖了现代电子计算机在人类整个科学与技术发展历史上独特的开创性意义。

电子计算机被轻视的根本缘由，是其诞生之初即被"误解"；

而这种误解源于社会的认知惯性。它让人们没能意识到通用可编程电子计算机是人类科技之树上"节外生枝"地结出的一颗全然不同于其他技术与工具的"异果";它虽然从数字计算起步,但绝不仅仅是算盘或手摇计算机的升级换代,而是人类技术工具发展历程中一个全新疆域的起点。

从远古开始,人类作为凡夫面临的最大问题便是对物质需要的满足。所以自古以来,人类技术与工具的进步一直沿着一条默认的主线在发展。那就是强化自己在物质世界的行为能力,保证自身的生存,进而寻求征服与改造物质世界为自己服务。现代科学也发端于对物质世界的认识,其指导人们借助技术和工具作用于物质,通过改变物质世界来提升人类的生存能力,追求对物质需求的更大满足。改变物质世界的技术与工具包括改变物质性质的技术与工具(如化工技术)和改变物质存在状态的技术与工具(如机械加工、交通运输技术)等。我们不妨将这类技术与工具称为"物质性技术与工具"。

与这条主线相比,与人类意识活动直接相关的技术与工具则显得非常寒酸,所以也没有被社会主流意识所看重。我们能够想起来的相关技术与工具寥寥无几,像文字、造纸术、印刷术、算盘等的发明,一只手好像就可以数得过来了。

对事物而言,它的"特质"固然重要,比如文字出现时"天雨粟,鬼夜哭"(见《淮南子》),但是再重要的"特质",如果数量稀少，在面对数量极其庞大的不同性质的存在时，也会淹没在对方的汪洋中，被社会主流认知所忽视。在很多情况下，足够庞大的数量就是力量，就能带来话语权，就能形成关注的焦点。

所以上万年来，在凡夫们的意识中，技术与工具事实上就等于物质性技术与工具。电子计算机本来就是在物质性技术与工具的发展洪流中，以一种辅助性工具的面目出现的，于是便"自然而然"地被默认为它们之中的一员，而且是没有足够新意的一员。但是，通用可编程电子计算机从诞生开始，事实上就不属于物质性技术与工具，被划入其中导致它自己独有的本质被完全忽视了。被淹没在物质性技术与工具中的通用电子计算机自然难以与实现了人类长久梦想或者展露出灿烂前景的原子能、航空航天等开创性的技术与工具比肩。

人类集体主流意识的误解，遮蔽了通用电子计算机自出生起便具有的独特本质的光芒。在很长一段时间内，以电子计算机为代表的信息技术，都没有被授予"时代"这个闪光的桂冠。

不过，多年的媳妇终能熬成婆。当"原子能时代""太空时代"等说法都已不再新鲜甚至幻灭之后，由电子计算机扮演核心角色的"信息时代"这一说法在20世纪70年代终于出现，但其"含金量"与之前的各种"时代"相比，似乎还是逊色了不少。

不论是"原子能时代"还是"太空时代"，都是从人类实现第一次相关技术突破开始计算的,而且是在人类文明的整体层面而言的,并未做国家地域的区分。

比如人类"原子能时代"的起点,通常被认定为1942年12月2日。这一天,恩里克·费米(Enrico Fermi,1901年9月29日—1954年11月28日,美籍意大利物理学家,诺贝尔物理学奖获得者)带领团队在美国芝加哥大学的体育馆里启动了他们建造的人类第一座受控裂变原子反应堆。这个反应堆首次实现了核裂变的可控持续进行,尽管当时人们还并没有利用反应堆释放的原子能做什么事情。

人类的"太空时代"则如前文所述,是以1957年10月4日苏联宇航科学家科罗廖夫将人类第一颗人造卫星送入太空为开端。

再看"航空时代"也是如此。1903年12月17日,美国航空先驱奥威尔·莱特(Orville Wright,1871年8月19日—1948年1月30日)驾驶他与哥哥威尔伯·莱特(Wilbur Wright,1867年4月16日—1912年5月12日)共同设计制造的"飞行者一号"飞机在第一次尝试中腾空了12秒,飞行了36.5米远。尽管他们的成就在今天看来微不足道,但并不妨碍这一天被视为人类"航空时代"的开端。

这些时代的起点,都是以技术与工具的原理性突破与实现为标志,而没有考虑它的实际使用与推广。

"信息时代"的划分方式则很不相同。首先,这种划分并不在人类文明的整体层面进行。欧美国家普遍认为自己在1969年进入了信息时代，而中国则把1984年作为本国的信息时代开端。更为不同的是，不论是欧美还是中国，都没有将通用可编程电子计算机的诞生作为时代的起始标志，而是更多地考虑了其应用在社会中的普及程度。

所以，在人类的集体意识中，"信息时代"的称谓并不是站在人类文明整体进程的高度去赞誉相关技术原理突破的价值，而是"降维"到了各个国家的层面去衡量其实际效应与影响；而且在对信息时代起点的认定方式中，没有给通用可编程电子计算机在原理上的开创性突破以应有的肯定。这似乎是在说，通用可编程电子计算机的基本原理有些不足为道。

与独立担纲"第二次工业革命"旗帜的电力技术相比，它就更相形见绌了。在近年来对"第三次工业革命"的比较流行的描述中，电子计算机作为推动这场革命的核心技术成就之一，经常被排在原子能之后。但事实上原子能技术直到今天，除了在军事领域，对人类社会的影响力远在电子计算机之下。

由此可见，对物质世界的直接改造与操控，在凡夫们心中依然占据着绝对重要的地位。电子计算机这个无法直接用于改造物质世界的工具获得今天的认可，已经算是被"破格表彰"了。如果不是自20世纪70年代开始，物质性技术与工具一直无法获得前几十年取得的那种原理或应用层面的开创性突破，电子计算机还未见得能获得这种"破格"待遇。

上述低估仍在延续,这种低估根植于对信息技术最底层基本概念的重大误解。

1.2 被误解的信息:一种意识性的存在

"信息时代"这个说法在20世纪70年代的出现,是因为通用可编程电子计算机从20世纪60年代开始,逐步走出了数字计算这个狭窄的领域,找到了一个更大的表演舞台:信息处理与应用。

如果电子计算机一直停留在帮助人类做"算数"的阶段,那么对它是否存在"误解"也就无关紧要了,因为它仅仅起到了一种很局限的辅助作用,确实像一个"电子算盘",没有开拓新领域、做出新贡献。但是电子计算机借助集成电路技术的突飞猛进实现了处理能力不断加速的飞升,而这种处理能力的"量变"引发了"质变",让它变得神通广大,影响日益广泛,犹如猿猴进化成了人这个新的物种一般。在这种背景下,对它"误解"就越来越事关重大了。

虽然其诞生时的基础原理设计一直延续了下来,但随着处理能力的提升,通用可编程电子计算机不再仅仅从事"低级"的数字计算工作,而是借助自己生而俱来的、灵活的可编程能力,开始完成基于数字化信息处理的更多更复杂的任务,而且日益展现出它那望不到边界的潜力。

这本来给了人类一个正视电子计算机独特本质的契机，却因为人类对"信息"这个我们似乎极其熟悉的事物的错误解释，进一步强化了对计算机的误解。

如果说当初对通用可编程电子计算机的误解是因为它那具象而简单的数字计算能力不够有新意与震撼力的话，这一次对"信息"的曲解，则反映了人类主流意识在理解抽象对象方面的局限性，也再次受到了过度集中于物质性存在的人类注意力的误导。

在国内顶级高校近年最新编辑出版的教材中，对信息做了这样的解释："什么是信息？对信息很难给出一个明确的、令所有人都满意的定义。数学家、控制论的奠基人诺伯特·维纳说：'信息就是信息，既非物质，亦非能量。'这句话解释了信息的重要地位，即信息和物质与能量一样，是客观世界的构成要素。"（摘自清华大学电子工程系核心课系列教材《电子科学与技术引导》，第33页，王希勤等编著，清华大学出版社，2021年1月第1版）

这个观点并非教材作者们的原创，而是引用了国际科学与技术界的主流看法。这里的"客观世界"是与主观世界对应的，指的大体就是物质世界。所以这个表述事实上在物质世界中给"信息"留出了一个极其高贵的位置：它成了物质世界的基本构成要素之一。就这样，在通用可编程电子计算机进入信息处理与应用领域后，人们又一次将其捆绑在物质性技术与工具之上了。

在众说纷纭、玄妙难解的量子世界中，也有人在使用"信息"这个词去说明一些事情。这让"信息"的客观物质性更加"证据确凿"，同时量子力学的玄妙难解也让"信息"这个词更加说不清道不明，导致它被从常识"升华"成了一个深奥的哲学概念。

人类科学与技术领域大概自20世纪70年代开始，对新概念的提出与使用逐渐不再像原来那样清晰严格，而是产生了越来越多的含糊不清与模棱两可。

造成这种现象的主要原因有二。一是那些可以清晰严格地界定概念的领域，基本被探索得差不多了。对后来的研究方向，人们越来越难以说得足够清楚。因为说不太清楚，所以20世纪70年代后人类科学与技术鲜有本质突破，新出现的一些基本概念也变得模棱两可。另外一个，也是更主要的原因，则是商业理念和逐利原则开始全面渗透到社会的各个角落，科学与技术领域也不例外。不论是否恰当或是否需要，创造和使用新概念显然有助于获取更大的利益回报。而且模糊的概念更便于被"从心所欲"地使用而难以被质疑，更便于随时扩大其覆盖领地、装入更多可以让使用者获取更大利益的内容。

"信息"这个概念从日常生活中被引入到科学与技术领域之后，自然也受到了这样的"关照"。所以出现了前面教材中所说的"对信息很难给出一个明确的、令所有人都满意的定义"。可是如果我们不考虑站在不同立场上、在科学与技术不同领域的内外有着不同诉求的"所有人"，只看计算机/信息技术处理的"信息"，就会发现事情并没有那么复杂与玄妙。

计算机处理的"信息"本身是构成客观世界的要素吗？如果是这样的话，计算机对信息的处理就必然在直接影响着客观世界的存在与变化了。但事实上除了在玄幻类作品中，我们都知道一般情况下计算机即使崩溃了，也只是它自己的事情，重新启动一下就万事大吉了，对外界不会有什么影响。我们可以利用计算机的处理结果去做其他的事，但那个过程已经在计算机处理信息的过程之外了。

举个例子，当今的天气预报都是用超级计算机预测出来的。但是气象局使用超级计算机处理天气信息的过程，绝不会对天气状况本身造成任何直接的影响。即使有人利用超级计算机的预测去人工干预天气，那也不是超级计算机的信息处理过程本身的直接结果。

所以计算机不论如何处理"信息"，不论这些"信息"在处理的过程中发生了怎样的变化，这种处理都不会对客观世界产生任何直接的影响。这说明虽然"信息"的内容会反映客观世界的某些方面，但"信息"本身却并不是构成客观世界的要素，不能把两者混为一谈。

再举个例子，我们给一件工艺品拍了一张照片，照片携带的信息反映了该工艺品的一些状况。但显而易见的是，我们不能说照片携带的这些信息本身是构成这件工艺品的要素。工艺品与它的照片携带的信息，在各自的"存在"意义上是完全独立的：照片上的信息被毁，丝毫不影响工艺品自身，反之亦然。只有愚昧、迷信到极点的人才会通过撕毁仇人的照片或踩躏刻有仇人名字的人偶来试图加害于对方。

所以，虽然其存在需要物质性载体，如人的大脑、计算机的内存，以及纸张或光盘等，但是计算机/信息技术领域涉及的"信息"本身不是构成客观世界的要素，因而也不可能具有客观或物质属性。如果剖析到此，还有人坚持认为信息、质量、能量是构成这个世界的三个基本要素，那我们可以用反证法问一个非常简单的问题：

质量这一物质的基本性质与能量都出现在描述这个世界基本运动规律的物理定律中，可是在包括量子力学在内的哪一条物理定律中存在"信息"这个变量？

如果没有，它凭什么成为构成世界的三个基本要素之一？仅仅是因为我们每天都在谈论它吗？如果连一个清晰定义都没有的概念所代表的是构成这个物质世界的基本要素，那说明我们对这个物质世界还缺少基本的认识，这显然违背基本的事实。我们不能因为信息对人类很重要，就把它夸大为构成世界的基本要素。人类并不代表整个世界，仅仅是世界极微小的一部分。

上面的推论过程并不复杂或抽象，如果觉得烧脑，可能只是因为没有从这个角度去思考过这个问题，或者它与头脑中固有的结论乃至信念存在冲突。

那么计算机/信息技术领域涉及的"信息"到底是什么？既然它不属于客观物质世界，那么留给它的便只有一个位置：人的主观意识世界。为免将讨论不必要地复杂化，又能抓住问题的实质，我们权且忽略其他动物的意识活动。

我国信息科学家钟义信曾经给信息下过一个认识论定义，比较清晰地揭示了电子/信息技术领域的"信息"的本质："信息是人所认识的对象（包括物质与精神）的性状特征、运动状态及其变化方式的人工表述。"（摘自《信息科学教程》，第27页，钟义信等著，北京邮电大学出版社，2005年）这个表述多少有点哲学的味道，但是相比于那些"信息哲学"类著作里对信息的思辨，已经非常平实与通俗了。事实上，信息也只应该从认识论的角度来下定义。

所以，计算机/信息技术领域的信息归属于意识世界，是人类意识活动的产物，只有在意识世界中，才被赋予自己存在的意义。一旦脱离意识世界，它便烟消云散了。

比如一张照片，如果丢弃在荒野无人知晓，那么它就仅仅是一种物质存在而已，谈论它携带的信息没有任何意义，因为没有任何其他事物会与这张照片携带的"信息"发生作用。不与其他事物发生任何作用的"存在"就是"不存在"，因为一切事物都在相互作用中定义自身的存在。只有被人的意识感知到，进而被人以某种方式加以利用，照片的某些物质性特征才被意识解释为"信息"，成了一种意识性的存在，具有了信息的意义。我们头脑之中的信息更是原本就存在于意识世界之中了。

再进一步，如果我们审视每一个人的意识活动从无到有、从简单到复杂的形成、发展及发挥作用的过程就会发现，信息不仅是意识活动的产物，也是绝大部分意识活动必备的核心要素。不仅人类的理性意识活动是这样，人类的感性意识活动亦然。成语"触景生情""见异思迁"等描述的就是人在接收到某种信息后发生的相应的感性意识活动。正常人的喜怒哀乐等感性意识活动莫不与某种信息直接相连、相伴。

对于智能过程这个复杂的理性意识活动，钟义信给出了一个一般性模型。

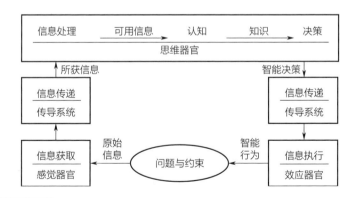

图 1-8 钟义信提出的人类智能活动过程的基本模型
（摘自《智能科学技术导论》，第 12 页，钟义信等著，北京邮电大学出版社，2006 年）

在钟义信提出的模型中,"信息"作为核心要素,贯穿了智能活动的过程始终。

通过上述分析,我们可以对计算机/信息技术领域的"信息"给出一个比较清楚的界定:它属于意识性的存在,是意识活动的产物,也是绝大部分意识活动必备的核心要素。

而且我们不难看出,上述分析同样适用于电子计算机在做数字计算时所处理的那些数值数据。也就是说,"数据"可以认为是信息的一个子类——含义单一或简单的信息。所以在下面的讨论中,除非需要特别强调"数据"的独特性,否则我们将仅使用"信息"这个概念来指称计算机/信息技术处理的直接对象,并用"信息处理"涵盖数字计算。

厘清作为计算机/信息技术领域最基本、最为核心的概念之一的"信息"的意识属性,对于理解计算机/信息技术的本质至关重要。

1.3　现代电子计算机:"外化"意识活动的技术与工具

既然"信息"属于意识性存在,以电子计算机为核心的"信息技术"处理/作用的直接对象是信息,计算机/信息技术自然应该属于一种意识性的技术与工具,与作用于物质对象的物质性技术与工具截然不同,分属人类世界的意识与物质这两大基本范畴。把它作为物质性技术与工具中的一员或其附属,从根本上曲解了它的本质,就像我们不会把人类的意识仅仅作为肉体的附属品看待,事实上我们通常反过来认为人的意识在主宰着肉体。

图1-9形象地展示了现代通用电子计算机/信息技术这枚异果,是如何从物质性技术与工具这棵大树上节外生枝地长出来的,我们应该怎样把它与物质性技术与工具区别开来对待。

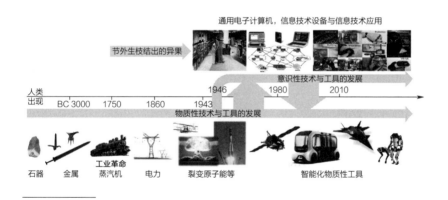

图1-9 物质性技术与工具之树上节外生枝结出的异果

站在人类的视角上,意识是人之所以为人的最为核心的特征,意识性技术与工具的出现对于人类而言必然具有超乎寻常的意义。

那么,我们应该如何进一步深入地去理解作为意识性技术与工具的电子计算机/信息技术?

通用可编程电子计算机的基本原理之所以没有被赋予重大意义，一个原因可能在于它的原理确实并不复杂高深。而且确实一直有人对"计算机科学"这个词有很大的异议，并发问计算机难道不只是"工程技术"吗？怎么就被戴上了"科学"的桂冠？在计算机刚刚诞生的时候，在苏联还曾有人斥之为"伪科学"，争论竟然最后上升到了最高层。

但有的时候，越是浅显熟悉的事物，越是难以理解它背后的意义。因为浅显，就容易轻视；因为熟悉，就容易漠视。但是"浅显熟悉"并不意味着不具有出人意料的开创性的重大意义。

从基本原理的层面来看，通用电子计算机就是一个基于逻辑数值计算与处理，用可编程的方式，对数字化的信息进行加工的工具。逻辑数值计算与处理，程序以及信息是构成它的三个核心要素。

我们在前面剖析了信息的本质，现在再来看看电子计算机的程序的意义是什么。

程序让计算机按照人的意志去对属于意识世界的信息做相应的处理。虽然这个过程是由物质性的计算机来完成的，但显然这不是一个物质意义上的过程——它从意识性的信息开始，以意识性的信息结束，所以在本质上程序的运行是一种意识活动过程。它是由人类大脑之外的电子计算机完成的某些基于逻辑数值计算与处理的意识过程。

分析至此，我们可以给电子计算机应用的本质做一个清晰的界定了：它是人类借助计算机的可编程逻辑数值计算与处理能力，实现的一种在人类大脑之外的意识活动。我们可以下这样一个结论：

以计算机为核心的信息技术应用，在本质上是人类创造出来的"外意识"（活动）。

不管是祸是福，借助电子计算机，人类终于可以让意识活动脱离生物学的大脑而进行。意识活动不再为生物性的大脑所独有。这是人类创造出来的一个具有里程碑意义的历史奇迹。

那么，电子计算机的这种"外意识"活动与传统的算盘或手摇计算机有什么区别？

算盘本质上是一种计算过程的记录设备，它不具有自己完成计算活动的能力，属于非常初级的辅助意识活动的工具；手摇计算机（也包括那些过渡性的专用计算机）不具有像电子计算机那样的灵活可编程能力，只能完成非常有限的数字计算。虽然数字计算属于一种意识活动，但是我们没有必要把这种非常局限的数字计算泛化成为一般性的意识活动，所以在"计算"之外不必给它戴上一顶更高的帽子。

通用电子计算机则非常不同。它基于自己高度灵活的通用编程能力，借助日益强大的处理能力与存储容量，已经在传统经典的

"计算"之外，展现出了从事超乎人类想象的各种复杂意识性活动的能力，而且还在持续地扩展着自己可以涉足的疆域。我们可以说，正是通用电子计算机所具有的高度灵活的通用可编程能力，让其与传统的"计算工具"有了实质性的不同。

通用可编程电子计算机不是那些传统"计算工具"的血缘后裔，而是一个具有全新"基因"的创造，是有史以来首个可以真正自主进行意识活动的意识性技术与工具。

通用可编程电子计算机的诞生，让人类第一次拥有了一个望不到其潜力边界的"外意识"工具，让人类的意识活动大规模地从大脑的制约与束缚中解放出来，不仅持续地提高了人类意识活动的能力，更让人类的意识活动突破了大脑的时空限制，弥散到了人类可达的时空疆域中的各个角落——就像创造了人类大脑的无数"分身"一样神奇。

由于意识对人的存在所具有的极为特殊的意义，在意识不断被外化的这个过程中，凡夫们不知不觉地逐步改变了对自身的认知。随着"外意识"的放飞，内在的自我在蠢蠢欲动地不断膨胀。

人类文明的进步，曾经完全只能依靠大脑中的意识活动，电子计算机的出现彻底改变了这个局面，它在越来越多的场合进行着各种能动性的意识活动。所以，电子计算机这个意识性技术与工具的出现，具有与那些物质性技术与工具所完全不一样的价值，对于人类文明进程而言具有开启新纪元的意义,是人类文明发展史上具有里程碑意义的重大事件,其深远影响远超工业革命带来的物质性技术与工具的跨越式进步。

工业革命是物质性技术与工具发展历程中一场革命性的跨越,电子计算机的诞生则是意识性技术与工具从无到有的突破。

1.4 从"内意识"表层长出的"外意识"

用原理相当简单而且"僵硬"的逻辑数值计算与处理,借助通用编程能力,就可以"编织"出功能强大而且灵活多样的"外意识",这是人类始料不及的。否则电子计算机诞生的时候,它至少会引发类似第一颗人造卫星上天时所获得的那样的全球性欢呼,也不会有后来试图与计算机应用划清界限的"人工智能"这个多余说法的出现了。

对自己大脑里的意识活动,人类探究了上千年。在近代的一百多年里,从由外及里的心理学到自下而上的神经生理学,人类双管齐下依然如隔靴搔痒,仅触摸到了一些皮毛。我们至今没能建立一套关于意识活动的科学理论,甚至对一些基本概念都没有科学意义上的成熟定义。比如虽然"人工智能"俨然已经成了当下最热门的高科技领域之一,但归属于意识范畴的"智能",至今还是一个模糊不清的概念。

尽管我们没有一个关于意识活动的科学理论，但是我们却成功地创造了可以"外化"人类大量意识活动的工具——通用可编程电子计算机。

我们大脑中的"内意识"在创造"外意识"的时候，绕开了我们搞不清楚的大脑内意识的底层机制，采用大脑"显意识"活动中表现出来的、可以用人类掌握的物理过程来实现的逻辑数值计算与处理的能力，作为电子计算机的基础能力。然后在这个基础能力之上，设计出各种不同的、可以用这个能力实现的、包括"人工智能"在内的人类的"外意识"过程——计算机算法及软件，计算机运行这些软件，便产生了人类的"外意识"活动，如图1-10所示。

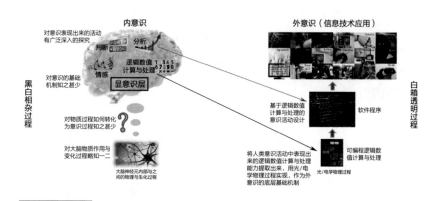

图1-10　人类内外意识的逻辑联系与对比

这看起来似乎没有什么新意，但是仔细掂量，却会给我们很多的启示。

包括人工智能在内的"外意识",是建立在人类表现出来的、外在的一种特定意识活动(逻辑数值计算与处理)之上的,而且它并不是自然的客观过程。所以不论计算机应用如何复杂,我们都是在人类大脑表现出来的外在意识活动的表层做文章。在这个意义上,"外意识"这个词也具有了新的恰如其分的另外一种含义——外在的意识活动。

由于对人类的内在意识的底层基础机制几乎一无所知,所以,我们不知道"内意识"与"外意识"两者的基础是否相同,我们不知道内意识的基础是否也可以解释为逻辑数值计算与处理,因而也无法从底层机制出发去推断"外意识"是否有一天可以完全实现人类大脑"内意识"的所有外在的功能表现。

一直有人依据电子计算机的原理推测大脑的神经元层面可能也是在进行逻辑数值计算与处理活动,但是这种推测至今还无法证实。不过包括深度学习网络在内的人工神经网络,确实就是这种思考的产物,而且成了人工智能领域中目前的核心支柱。更有从事大脑认知研究的学者,利用计算机软件程序反过来探究人类大脑的认知过程。

与这种从用计算机实现的"外意识"去反推大脑"内意识"的"逆向"逻辑相比,更有意思的是一个比较烧脑的正向思考:

我们是否可以在逻辑数值计算与处理之外,选取大脑表现出来的

其他类型的意识活动，另起炉灶，以某种物质手段或物质过程为基础将其实现，然后在其基础上构造出其他类型的"外意识"？

如果我们选取的作为基础的这类意识活动或物质过程，与逻辑数值计算与处理在基本原理上有实质性的不同，那么基于它的"外意识"也就将与计算机应用这个"外意识"存在本质差异。如果这条路可以走通，我们就可以创造出不同类型的"外意识"，让人类的意识性工具更加丰富多彩。

在现代科学的框架之内，目前似乎还看不到这样另起炉灶的希望。我们是否可以从中国传统文化中获得灵感？也许需要干脆完全从零开始在人类已有的知识体系之外另谋出路？当然更多人还在指望对大脑的底层机制有新的认识，而获得新的突破。

另外，图1–10还简单明了地告诉我们，电子计算机从根基上就是人类意识活动的外化，它就是建立在人类大脑的逻辑数值计算与处理能力之上的。所以它是人类创造出来的一个"纯种"的意识性技术与工具，生来便蕴含了有待发掘利用的"智能"的基因。而且目前它还是人类掌握的唯一的意识外化的手段，人类无法抛开它去构建什么其他类型的"智能"技术与工具。

而与计算机"外意识"从底层向上全透明的过程相比，我们对大脑的认识还极为有限。人类了解最多的是大脑表现出来的外在的意识活动，这是心理学研究的主要内容。在这个层面之下，就有太多的未解之谜了。比如，在纯意识层面，"自我"到底是什么？意识活动有什么样的内在结构？它是像物质世界那样从简单到复杂一层一层地构建出来的，还是有一种我们完全不知道的结构？

再往下看，神经元层面的物质过程是如何产生出意识过程的？对这个问题我们还几乎完全摸不着头脑。"现代神经科学在大脑中为非物质的灵魂几乎没有留下什么空间。……神经科学还远不能理解为什么大脑活动会产生意识体验。"（摘自"A new place for consciousness in our understanding of the universe"，发表于 New Scientist 杂志，2022年4月第3380期）

这个问题深深地困惑了科学家如此长的时间，以至于他们中有人大开"脑洞"地建议，我们或许不应该试图用物质过程来解释意识，而是应该把意识作为一个基本的要素嵌入到对世界的描述之中，让整个世界在根基上就是物质与意识的混合体。这就颇有点病急乱投医的味道了。

大脑虽然触手可及，也不到一个西瓜大小，却依然是人类科学探索中最大的困惑之一：人们看着自己的大脑，脑袋里一片迷茫。但是透明的"外意识"在计算机"暴力计算"的支撑下，正在发挥着日益广泛而重要的作用，改变着人类文明的方方面面。

作为"外意识"的计算机/信息技术应用五花八门，具有意识活动典型的"八仙过海，各显神通"的特征。不过迄今为止，其基本作用大体上可以分为五大类型。

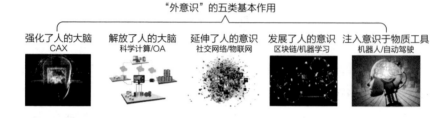

图1-11 "外意识"的五种基本作用的类型

1. 强化了人的大脑：以机械设计领域的著名的CAD（计算机辅助设计）软件为代表的各种计算机辅助类工具，是用"外意识"去强化人类大脑的能力，支撑大脑去完成其独自难以完成或根本无法完成的高难度复杂工作的典型例子。如今人类社会各个领域内天翻地覆的变化，背后基本都有计算机辅助工具在发挥作用。新能源、新材料、绿色环保、社会治理等方面莫不如此。

2. 解放了人的大脑：用工具替代人的劳作，是人类创造工具的重要目的之一。发明电子计算机也是如此。从最开始的数字计算，到后来的办公自动化系统等，都是用"外意识"取代"内意识"，用计算机取代人去完成某些"死板"的常规性工作，让人有更多的闲暇或可以将精力集中在更具创造性的工作上。

3. 延伸了人的意识：物联网将人类的感知能力延伸到了世界的不同角落，而社交网络则把个人的内意识作用范围从视线以内扩大到了天涯海角。网络技术在空间维度极大地延伸了人的意识,永不停歇的"外意识"则在时间维度延伸了人的意识活动。

4. 发展了人的意识:与人类大脑中的"内意识"相比,基于逻辑数值计算与处理的"外意识"固然有很大的局限性,但借助不同于大脑神经元的硬件特点,它也具有大脑内意识所不具备的能力。比如,深度学习在某些具体的领域可以发现人类无法发现的新现象,而类似区块链这样由分布式节点构成的外意识,更不是一个独立的大脑自身所能做到的。所以,"外意识"不论是在功能上还是在运行形态上,都在不断扩充与发展着人的意识活动。

5. 注入意识于物质工具:物质性工具曾经一直是被动的、需要由人来一步步地操控才能完成特定的工作。意识性的智能化信息技术逐步改变了这个局面。虽然"外意识"不具有人类特有的自我意识,以及由此而来的全面的自主能动性,但是它在限定的条件与范围内,正在具有越来越强的主动性与适应性,可以自己去应对许多事先无法预测的局面。所以,虽然与人的"灵魂"还无法相比,但"外意识"正在逐步拥有更多的"灵魂"的特征。越来越多的物质性工具被注入了"外意识",由此获得了一定程度上的意识"灵性",乃至在某种意义上拥有了"灵魂"。这使得物质性的工具具有了在一定程度上直接理解人的复杂意图、更加主动灵活地去完成任务的能力。全自动驾驶汽车的正式上路将会成为这个大趋势中一个里程碑式的事件。

人类创造工具，从来不仅仅是为了替代与解放自己。文明的发展在相当程度上是由那些拓展了人类活动可达边界的工具推动的。做人类无论如何都做不了的事情，才是最具价值的工具。在物质性技术与工具中，飞机、运载火箭、核反应堆、电子显微镜、粒子加速器等都属于这类工具。

从上面的分析我们可以清晰地看到，作为意识性技术与工具的计算机/信息技术也具有这个鲜明的特征。在时空与能力等诸多方面，它从上述五个角度不断拓展着人类意识活动的可达边界。这种拓展给人类社会带来了巨大的变化，以至于有人声称我们开始了"第四次工业革命"。持这种观点的人，既没有理解信息技术的意识性本质，也没有看到进入新世纪后社会各领域变化的核心推动力，是人类的意识活动能力因为信息技术的突破性发展，而得到了极大的强化。

前面从剖析"信息"开始，完成了微观与中观的分析，下面我们把计算机/信息技术放在一个更大的宏观场景——人类技术与工具的发展历程之中，来看电子计算机/信息技术这个意识性工具的出现所带来的开天辟地般的影响。

1.5　智能革命开启文明的智能纪元

工具的制造与使用，在人类演化中具有关键性的意义。它不仅是人类脱离动物开始作为一个新的独立物种而存在的重要标志之一，更是直接支撑人类文明持续发展的核心力量。

在意识性技术与工具出现以前,人类文明是一架"独轮小车",仅靠发端于石器工具的物质性技术与工具的支撑而不懈前行。

艰难踯躅了上万年后,以蒸汽机为核心的第一次工业革命让物质性技术与工具进入到了动力时代。人类推动的文明小车虽然依然只有一个轮子,却一改先前的窘态,开始潇洒地飞速奔腾向前。这是人类文明一次历史性的飞跃。

人类的大脑推动着文明的独轮小车兴奋地飞奔。后续新的"工业革命"让车轮不断地变大变强,使小车可以不断提速,有能力跨越更多的障碍。

从1946年开始,这架小车"长"出了小小的第二个轮子——通用可编程电子计算机。忙于追星赶月的人们认定它只是个锦上添花的点缀。可是这个轮子悄悄地由小变大、由弱变强。到了20世纪70年代,已经自成一系,终于展现出其独挑大梁的意识性技术与工具的本色。

由此,人类文明小车从独轮变成了双轮支撑。意识性技术与工具不仅有力地支撑着人类更加高效地创造与发展物质性技术与工具,更给物质性工具注入了意识"灵性",让其具有了越来越发达的智能;物质性技术与工具的发展也为"外意识"的发展提供着越来越强大与丰富的物质支撑,让"外意识"不断分化出更多样的功能,具有更超人的力量。

两个性质极不相同的轮子默契配合,相得益彰,文明小车风驰电掣奔向前方。

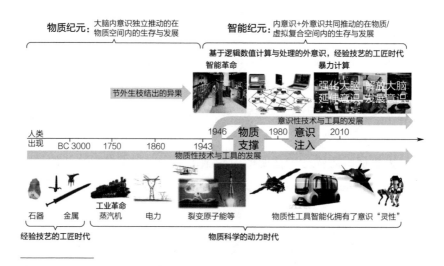

图1-12 从单轮到双轮支撑的人类文明新纪元

比喻总会有偏差与遗漏,但它有助于我们直观地理解复杂现象,抛开外表的浮华直达内在本质。

"工业革命"已经被历史赋予了物质性含义,这也体现在了"工业与信息化部"这个国家部委的名称之中,明确告诉人们"工业"与"信息化"是两个不同的概念,彼此无法相互涵盖。

故此我们不难理解,人类文明小车上第二个轮子出现的意义绝非第一个轮子的某次升级换代，即某次"工业革命"可以相比。它更应该被视为第一个轮子出现后另外一个范畴的重大事件，其意义远远超过第一个轮子出现后自身的改进升级。所以通用可编程电子计算机的诞生，没有道理被划入某一次"工业革命"。它超越了物质性技术与工具发展的框架，具有自己独特的意义与价值，它是意识性技术与工具从零到一的突破。

如果我们认真考察今天被称为"第四次工业革命"中发生的那些事情，我们不难发现它们背后的核心推动力都是信息技术。

以新材料为例，信息技术让材料科学的工作模式发生了革命性的变化。《自然》（*Nature*）杂志2016年5月5日刊登了一篇封面文章，题目是："机器学习将带来材料科学方法的革命"（"Machine-learning techniques could revolutionize how materials science is done"）。文章写道：

"从2010年开始，我的手机正在实时地计算硅的电子结构。"Marzari是供职于洛桑联邦理工学院的物理学家，他的手机仅需40秒就可以完成超级计算机过去需要花费数小时才能完成的量子力学计算。这展示了人类的计算能力在过去数十年实现的巨大飞跃，同时也展示了计算方法未来改变材料科学的潜力。……传统的材料科研方法是靠运气碰到一种新材料，然后在实验室精心测量它的性能。Marzari和他的同行正在用计算机建模和机器学习技术生成一个数以万计的候选材料库。即使是从失败的实验中得到的数据也可以提供有价值的参考。虽然大量候选材料是完全假想的，但是工程师们可以通过搜索预期性能筛选出值得合成和测试的材料。例如他们可以限定材料作为导体或绝缘体的性能、是否有磁性、可抗多高的温度和压力等。……人工智能可以帮助研究者梳理海量的材料，从中找到他在应用中恰好需要的那一个。……我们正在看到实验科学家的期望与理论科学家提供的可能性的统一。

图1-13是该文中给出的借助信息技术寻找新材料的过程。此文

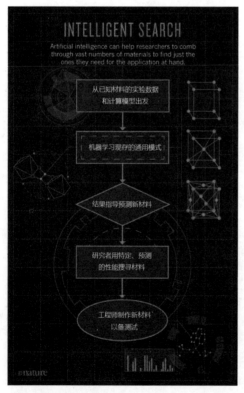

图1-13　信息技术变革材料科学的工作流程

（图中英文为：智能搜索——人工智能可帮助研究者从海量材料中筛选出应用所需的组合）

系统地揭示了智能化的信息技术正在使得人类发现新物质、新材料的创新能力成数量级地提升。

自进入21世纪以来，特别是2010年之后，我们能够感受到在各个领域，包括人类最为传统的行业如农业领域发生的创新加速现象。新材料、新工艺、新产品、新模式、新方法、新探索、新发现等大量涌现。如果我们深入探究其缘由，在每一个创新的背后几乎都能发现作为"外意识"的智能化信息技术应用起到了关键的推动作用。

这种人类意识活动能力的强化与提升，不断增强着人类在各个领域处理复杂问题的能力，从宏观经济管控，到社会治理与安全，再到客户精准服务等，社会的方方面面在不断发生着日新月异的变化。

所以今天我们面对的，不是由新材料、新能源等推动的新一次"工业革命"，而是由意识性的智能化信息技术不断提升、强化人类特有的意识活动能力而掀起的一场前所未有的智能革命。这场智能革命不属于"工业革命"之列。它具有"工业革命"不具备的原创性和无中生有的特点，给人类文明小车装上了完全不同的第二个车轮。

如果我们把眼光从人类文明小车的车轮转到小车的动力上来，便会发现智能革命的意义不仅仅是创造了一个完全不同的新车轮，它同时还让小车的动力系统完成了历史性的第一次全面升级，从集中式动力系统升级为分布式动力系统。

文明只属于人类，是因为推动它产生与发展的是人类独有的意识性的智慧能力。这曾经是人类文明小车的唯一"发动机"。

在"智能革命"之前，这个"发动机"就是人类的大脑，所有的智慧都在其中产生和发挥着作用。

"智能革命"导致了意识性技术与工具的出现，在人类大脑之外创造了越来越多的"外意识"活动，从而强化与发展了人类大脑的意识智能。这相当于给原来的发动机配备了涡轮增压系统，在每一个气缸（大脑）的容量无法改变的情况下，使其输出的动力获得了大幅提升。这是人类大脑能力的一次大幅升级。

同时，"外意识"还在人类可达的时空范围内，将大脑的意识活动延伸到了社会的各个角落，包括给物质性的工具注入了意识灵性。这相当于在小车的不同部位安装了大量的辅助发动机，将原来单一动力驱动方式，升级为了分布式动力配置与驱动。

在"智能革命"的推动下，人类文明小车在主（"内意识"）、辅（"外意识"）"发动机"的共同驱动下更加动力澎湃，小车的"动力系统"历史性地首次实现了全面升级。

1 让意识挣脱大脑：被误读的信息技术

在过去的人类社会里，人与物质性工具是分离状态，而"智能革命"使得人与工具开始融合，人的意识性智能借助信息技术全面渗透到了包括物质性工具在内的社会的各个角落。"智能革命"在人类文明历程中，具有了超越各种"时代"的划"纪元"的意义。它标志着人类文明进入了一个全新的"智能纪元"。与之相对，我们可以将此前的各个时代划归为"物质纪元"，因为那时人类可以凭借的外部手段只有物质性的技术与工具。

这就是以通用可编程电子计算机为核心的信息技术与工具在人类文明进程中所具有的独特开创性意义。它不属于任何一场"工业革命"，它开启了人类文明的新纪元，是人类智能纪元的基本底色。

焕然一新的人类文明小车，在新世纪里纵情驰骋于大自然赐予人类的家园之中。车上的乘客们渐渐发现车外的景色有了异样的变化。

万年前文明萌芽时期荒野求生、与野兽争食的卑微苟且，千年前农耕养殖时期背负青天、靠天吃饭的苦役劳作，百年前工业革命引爆的开发自然、征服自然的万丈豪情都渐渐远去。

难道小车穿越到了一个新的时空？原来期待已久的奔向星辰大海、探索更加广阔深邃空间的目标怎么还是遥不可及？

人类宇航理论的奠基人齐奥尔科夫斯基（Константин Эдуардович

Циолковский，1857年9月17日—1935年9月19日）有一句名言："地球是人类的摇篮，但是人类不会永被束缚在摇篮中。"当地球上的每一片大陆都已布满了人类的足迹，科罗廖夫在1957年打开了人类太空时代的大门，激发了人类对进入太空的无限憧憬。这也是人类文明继工业革命后的发展路径的必然走向：走得更远，飞得更高，征服自然，向宇宙进军。成功地发射了人类第一颗人造地球卫星之后，科罗廖夫自豪地宣称："苏联已经成为人类奔向宇宙星辰大海的海岸线。"

不幸的是，人类在1969年踏足距离地球38万公里的月球之后，便再也没有离开过近地空间。最远也不过是在距离地面400公里左右的空间站中做一些实验观测。由于人类掌握的科学与技术的原理性限制，无人飞船也只能在太阳系内做一些探测调查。走向宇宙深空还是人类一个遥不可及的梦想，对于宇宙中曾经和正在发生的一切，我们只能依靠望远镜等各类探测设备窥探一二。

在物质时空的意义上，人类似乎被锁在了太阳系内。正是在这个大背景下，信息技术把人类的注意力从浩瀚无边的宇宙引回了大脑本身的意识活动，人类正在把越来越多的热情和精力用在玩弄和操控自己的意识活动上。

这是在预示人类文明的发展之路即将发生根本性的转向吗？在人类的智能纪元里，双轮支撑的人类文明小车将奔向何方？人类是将借助意识性技术与工具开始新一轮对物质世界更深刻、更广泛的认识，进而走出太阳系成为宇宙居民，还是注定要被束缚在太阳系内，靠构造一个自己扮演"上帝"的意识性的虚拟世界，子子孙孙自娱自乐直到永远？

智能纪元，充满了未知和不确定性，它等待着人类不断的实践探索。首先，我们需要对"外意识"有一个深入的认识和理解，再去探讨未来的各种可能性。

2

"暴力计算"时代的"外意识":"上帝"般的自由创造

2 "暴力计算"时代的"外意识":"上帝"般的自由创造

2.1 真假"上帝":从物质到意识的"创世纪"

由于科学家们至今对意识为何物这个问题还是颇为说不清道不明,所以人类社会中存在对意识五花八门的解释。如果我们抛开宗教与各种玄学的立场,站在实证科学的角度上来看,意识显然是依赖于物质的。用一个近些年愈发时髦的词来说,"意识是从物质活动中'涌现'出来的一种非物质性的复杂现象"。看上去高深莫测的"涌现"一词近年来被时常使用,其实并无深奥含义。它不过是用来指那些我们还无法理解,但却产生了新奇结果的未知过程。后面将对"涌现"做一个深入的剖析(见5.2)。

人类大脑内部的意识活动离不开大脑乃至身体其他部位的物质性存在,人类创造的"外意识"同样依赖于信息技术的各种物理硬件设备,特别是计算机或处理芯片。

虽然我们还搞不明白人类的意识是如何从大脑的物质活动中"涌现"出来的，但是从宏观发展过程来看，从物质中演化出"内"与"外"两种类型的意识活动，在各自的背景中都经历了相当漫长的时间。因为漫长，所以更显得宝贵。

按照现有的科学理论推断，我们现在生存的宇宙诞生于大约138亿年前的一次玄妙难解的"大爆炸"。在这个浩瀚的宇宙中，迄今为止我们还不知道是否还存在其他的智慧生命。所以我们只看自己所在的太阳系。

图2-1　星云聚合形成太阳系的历程

2 "暴力计算"时代的"外意识":"上帝"般的自由创造

根据现有的宇宙学理论,太阳系大概在46亿年前从一团原始星云开始不断聚合,逐渐形成了现在的以太阳为中心、各个行星围绕其运行的格局。在此基础上,人类则于500万至800万年前出现在地球这个岩质行星上。这个时间与太阳系的年龄相比基本可以忽略不计,更不要说与宇宙相比了。太阳系这个物质世界"辛辛苦苦"地花了约46亿年的时间,逐步从最基本的原子开始不断地向更复杂的物质形态演化,最终进化出了人类这个物种并且让人类的大脑"涌现"出了"意识"这个依附于物质但又与物质迥然不同的独特的"存在"。约46亿年的鬼斧神工,终于创造出了宇宙中的顶级精华。这是大自然这位全能的"上帝"的神奇杰作。

人类的出现应该被看作是太阳系演化历程中的一个具有极其重大意义的里程碑,因为它让原本"无知"的纯物质世界通过人类的大脑具有了"自觉性"。这个里程碑标志着太阳系演化历程中一个新的纪元的开端。

对比之下,人类大概在250万年前开启了文明的进程,开始发挥自己意识的主动性与创造性,利用物质性技术来制造物质性工具。经过百万年的努力,人类终于在不久以前利用物质性技术与工具的进步,创造出了意识性技术与工具的核心——可编程电子计算机。所以人类依靠自己大脑内的意识,一代代人前赴后继地花了250万年的时间,借助物质手段创造出了脱离人类大脑的"外意识"。"外意识"让某些意识活动摆脱了"上帝"创造的旧有模式,从人类大脑中飘逸出来,在人类创造的意识性工具构成的虚拟空间中尽情地飞翔。

这理所当然应该成为人类文明演化历程中的一座非同寻常的里程碑。它标志着人类文明演化的一个新纪元——智能纪元的开端。

这终于让人类在一定程度上获得了一种扮演"上帝"的感觉。我们不仅仅创造了物质性的技术与工具，还终于创造出了意识性的技术与工具。虽然这一切都还无法与"上帝"的造化等量齐观，但是它毕竟开始了一个质变的新纪元。而且人类走过这个过程所花费的时间比"上帝"要短得太多。我们不仅无比自豪，而且开始膨胀，试图控制一切的欲望悄然地滋长。

不论是人类大脑里的内意识还是脱离人类大脑的"外意识"，它们既受制于自己赖以存在的物质基础，又反作用于人类可以触及的物质世界之上。

所以太阳系与人类文明演化进程中的这两座里程碑，标志着人类可以触及的那部分世界的发展变化模式，因人类的意识及"外意识"的参与而发生了新的重大改变。比如，地球因为人类的高级智能活动而遭受了以前不曾有的严重污染，经历了与人类活动相关的物种变化等；未来人类借助内外意识而不断增加的星际开发活动，恐怕也会改变其他行星如火星原有的自然演化过程。埃隆·马斯克甚至信誓旦旦地要把火星改造成人类的第二家园。

人类不甘永远做"上帝"的奴仆，正在借助日益强大的"外意识"试图越来越多地获取"上帝"般的权力与自由。

传统的物质性技术与工具在与信息技术融合之前，仅具有单纯的物质属性。与之相比，意识性技术与工具自诞生之日起，就不仅具有意识属性，还要依赖其物质性基础才能存在与发挥作用。这构成了意识性技术与工具的双重复杂性。

在很长一段时间里，"外意识"的能力都极大地受制于其赖以存在的物质基础，其中最为核心的制约便来自计算机的"算力"。物质基础对"外意识"能力的这种严重制约，让其信息技术物质性的一面长期成了其发展过程中被关注的核心焦点。这也是导致意识性技术与工具一直被混同于物质性技术与工具的另外一个重要原因。

2.2 "暴力计算"点石成金

下面我们来简单地看一下意识性技术与工具的核心物质性基础——计算机经历了怎样的一个发展过程。

从大的阶段上看，它经历了三个时期：电子管时期、晶体管时期与集成电路时期。在这个发展过程中，20世纪80年代一度兴起利用光学原理做计算机的热潮，后来因为光学器件无法微型化等一些问题而不了了之。这些年，量子计算的呼声又开始兴起。但目前量子计算还有众多关键问题没有解决，远未达到可以做通用可编程逻辑数值计算与处理的阶段。

在计算机的发展过程中，起决定作用的是计算机能够实现的处理速度。因为作为"外意识"的计算机应用是建立在计算机抽象的逻辑数值计算与处理能力之上的，它并不在意这种抽象的能力来自何种具体的物质性技术——是来自电子、光子、量子，还是其他的什么过程。是计算机的抽象处理能力直接决定了我们能够构造出多复杂的"外意识"活动，而不是实现这种能力的物质性技术本身。所以，把"外意识"称为"硅基生命"是没有理解"外意识"本质的表现，是一种肤浅的误解。

如果再进一步看，计算机能够以什么样的体积与功耗提供足够的处理能力，也具有非常重要的意义。因为体积与功耗直接影响着计算机的应用场景。从现在的量子计算设备的庞大体积与能源消耗我们就不难看出（抛开是否具有通用可编程能力不谈），它与大规模普及性使用也还有着非常遥远的距离。而信息技术之所以在当今给社会带来了广泛而深刻的影响，就是因为目前的半导体集成电路技术可以将计算机处理器做得足够小，同时在可接受的功耗下又能提供强大的处理能力。

从20世纪90年代到21世纪初，人们购买个人电脑最关心的事情之一就是CPU的主频是多少，甚至国内电脑维修领域有过一项"特色"服务："超频"。这项服务就是通过调整计算机CPU的时钟源，将CPU运行的主频，在CPU可以正常工作的情况下比厂商设定的再进一步提升一点。这么做的原因就是计算机物理硬件的运算速度，虽然在"摩尔定律"的推动下几十年来有了多个数量级的提升，

2 "暴力计算"时代的"外意识":"上帝"般的自由创造

但还是捉襟见肘地满足不了大家普遍的需求。所以即便是挤牙膏一般地再压榨出一点现有硬件的剩余潜力都是有意义的,都有人愿意为此买单,让当时一些复杂的计算机应用运行得略微顺畅一些。

图 2-2 当年网上如"牛皮癣广告"般的"电脑超频"宣传页面

在那个时代,基础物理硬件的发展,直接制约并主导着信息技术产业的发展。"外意识"委身于拮据狭窄的"空间"内,"智力"发育迟缓而艰难。那时,物理硬件特别是CPU的每一次升级换代,都是产业中的头等大事,迎来万众欢呼。知名CPU的品牌名称也是那时信息技术产业界最响亮的名词,如英特尔的奔腾、太阳微系统的Sparc等。

这个局面在2010年左右发生了根本性的变化。

2005年AMD公司首先推出"双核"处理器，英特尔紧随其后，CPU进入多核时代。集成电路制造工艺开始从32纳米向28纳米进军，2011年台积电率先推出28纳米工艺。2009年，英特尔宣布将采用22纳米集成电路制造工艺生产CPU，2012年初产品开始投放市场。

从那时起，普通人在购买电脑时不再那么关注CPU的名称与主频，普通价格的计算机的处理能力终于告别了捉襟见肘的窘迫。在大多数应用场合，计算机的处理能力不再是限制和瓶颈，信息技术跨进了算力澎湃的"暴力计算"时代。从这个时候开始，一个普通消费者使用的可以轻松处理高清视频的智能手机的计算能力，已大大超过了1980年前后出现的、只能勉强处理普通图像的、属于"国之重器"的第一代"超级计算机"。

集成电路这个计算机的核心物质性基础技术发展到这一步，终于使得信息技术的意识性本质逐步充分地显现出来，也顺带把自己在产业中的核心主导地位拱手让给了信息技术应用——"外意识"。

在信息技术进入"暴力计算"时代后，大数据应用率先成了全球的热点。

2010年，美国总统办公室下属的科学技术顾问委员会和信息技术顾问向奥巴马和国会提交《规划数字化未来》的报告，提出"如何收集、保存、管理、分析、共享正呈指数增长的数据是我们面临的一个挑战"。

2 "暴力计算"时代的"外意识":"上帝"般的自由创造

2012年3月,奥巴马签署并发布"大数据研究发展创新计划"。

2012年7月,联合国发布《大数据促发展:挑战与机遇》白皮书。全球大数据研究进入高潮。

正是充沛的数据处理能力加上具体算法技术的进步,而不是传统意义上的科学或技术原理的突破,让"大数据"从银行等专业领域的高端专业技能变成了普及性技术。

人工智能则紧随其后在被"冷藏"20年后"死而复生"。

2012年10月23日,加拿大多伦多大学的杰弗里·辛顿(Geoffrey Hinton)教授带领学生参加了卡内基梅隆大学组织的第三届ImageNet Large Scale Visual Recognition Challenge大赛。他们使用了一个有8层结构、65万个神经元,6000万个可调参数的"深度学习"卷积人工神经网络,将图像识别的错误率降到了15.3%,第二名的错误率是26.2%。在此之前,参赛者的最好成绩是图像识别错误率25.7%,而且包括本次大赛在内的其他参赛者使用的一直都是支持向量机技术。

人工神经网络这个一度被认为没有什么潜力值得继续深入挖掘,因而被冷落已久的技术方法,经过多方提升而改头换面为"深度学习"后,借助"暴力计算"而非智能科学基本原理上的突破一战成名;人工智能成功"借尸还魂",依靠"暴力计算"在应用领域开始了一轮空前的爆炸式发展。

大数据与现在的人工智能，目前主要是依赖统计性的方法与技巧去解决各类具体的问题，而不是通过探索人类智能的基本过程原理，去从基础层面开始向上系统性地复现人类的智能。这与人工智能领域传统的认知有很大的差异。一直有人对此颇为不屑，以至于有人工智能"原教旨"学者在20世纪70年代开始"另立门庭"，使用"认知科学"来标称自己的工作。

统计方法是利用对大量数据的统计分析去解决这些数据所能够反映的具体问题。虽然视其为高度灵活普适的"智慧能力"的基础似乎不太合适，不过早在1964年，一些有远见的统计学家就预见到了计算机的发展将使统计方法扮演更加重要的角色："应用电子计算机进行计算，使科学家能够解决过去认为不可能解决的统计问题。统计方法的应用将继续扩大，统计学将在未来的空间时代发挥重要作用。"（摘自《自修数学》小丛书：统计世界，[英] D.A. 约翰逊，W.H. 格伦著，科学出版社，见图2-3）

图2-3 统计学家在1964年对今天大数据时代的"神预测"

2 "暴力计算"时代的"外意识":"上帝"般的自由创造

技术是用来解决问题的。只要能有效地解决问题,我们不必去计较它是否"精妙":那更多的是理论工作者的"洁癖"。如果我们把"人工智能"作为一门技术,而不是作为科学来看待,那么它使用什么方法都无不可。

人类也确实会不断灵光一现地创造出神奇的技术。

2009年1月3日,神秘的"中本聪"在网络上建立了比特币系统的第一个区块"创世块",挖出最初50个比特币。比当时的人工智能与大数据更具冲击力的区块链技术横空出世。

比特币采用的区块链依赖畅通的网络,以大量消耗计算机算力而著称。它出现后,很快成了社会热点中的热点。人们给它加上了无数真真假假的耀眼光环。关于区块链,出现过的最"雷人"的口号之一就是:"互联网是传递数据的网络,而区块链是传递价值的网络。"这句话其实存在明显的逻辑问题。因为区块链是运行在互联网之上的一个应用性系统,两者不是在同一个技术层面的并列关系,而且互联网不借助区块链也在传递价值。

这些热点的出现都与计算机历史性地获得了"暴力计算"能力高度同步。事实上导致它们成功的核心基础之一都是充沛的算力。没有充沛的算力,那些大数据/人工智能的算法都无法有效运行,区块链创造的新型分布式系统设计也难以变成实用系统。

实践证明,"暴力计算"具有一种远远超出预计的"化平凡为神奇"的能力。它让看上去颇有点"下里巴人"味道的技术如统计方法,在解决"阳春白雪"般的"人工智能"领域的许多具体问题上大显身手,取得意外良好的效果。辛顿的成功,在人工智能领域引发了不断扩大训练的数据量、不断增加统计模型的复杂度与规模的热潮。大家清楚地意识到,借助"暴力计算","外意识"可以"因陋就简"对各种已有的技术方法加以改进,从而四处生根发芽、开花结果,再无须等到一个关于意识活动的成熟的科学理论出现。

在辛顿一战成名的十年后,以深度学习为基础、拥有千亿参数的大语言模型成了这一热潮的巅峰之作。"外意识"从"做人事"起步,终于发展到开口"说人话"的阶段了。

所以2010年"暴力计算"出现的这个时间点,在信息技术这个意识性工具的发展历史上具有独特的意义,远远超过了之前计算机物质性硬件技术的其他升级换代的影响。如果计算机的诞生是人类的意识性技术与工具发展的第一块里程碑,"暴力计算"便是第二块里程碑,是一个极其重要的加速发展的拐点。

就其对人类意识性技术与工具发展的意义而言,2010年"暴力计算"的里程碑足以与物质性技术与工具发展历程中1750年的第一次工业革命比肩。与第一次工业革命让物质性工具拥有了强劲的动力源类似,"暴力计算"给"外意识"提供了产生质变的强劲的"算力源"。

2 "暴力计算"时代的"外意识":"上帝"般的自由创造

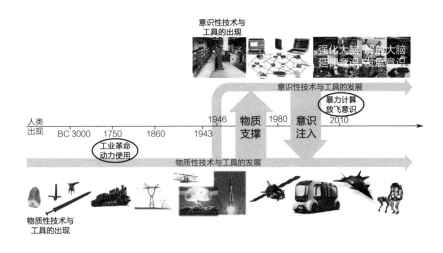

图2-4 人类技术与工具发展历程中的两块重要里程碑

澎湃的"暴力计算"能力与几乎无限的存储空间相结合,再加上持续增加的传输带宽,为信息技术这个意识性工具提供了一个几乎没有限制的物质性基础——人工虚拟空间。这个人工虚拟空间的快速扩张,使得"外意识"的"发育"有了优越的环境。它一改以前羸弱萎靡的面貌,"智力"不断快速提升,进入到了"放飞自我"的时代。它的发展也反过来在不断地推动着信息技术物质性基础的持续进步。

信息技术的意识本质开始充分展现并创造价值。就像当年的工业革命那样,它将把人类文明推进到一个新的发展阶段。

2.3 意识性工具的构建

事物都是在彼此的对比中体现出自己的本质的。没有对比,不仅没有了伤害,甚至连"自我"都会迷失掉。

为了看清意识性技术与工具,我们先来看一下人类早已熟悉的物质性工具是被如何构建出来的。

从一般性的角度来看,物质性的工具的构建指人类通过对物质性的要素(包括石头、塑料、金属等物质材料,电场、磁场等物质场,液体、气体的流动和电子、光子的运动等物质运动过程,以及物理、化学及核能等物质与能量要素)的加工塑造,将其做成不同的形状或改变其状态,以及对其进行组合与编排(如把它们按照一定的时间与空间关系组合在一起),形成一系列具有独特功能的实物工具,作用于物质对象,改变其性质或状态,达到人预设的目的。

意识性工具的情况相对要复杂一些。如前面我们曾经分析过的那样,意识性技术与工具具有物质与意识双重性。其物质性基础的构建,也是通过对物质性要素的加工塑造、组合编排而成,然后作用于物质对象,改变其性质或状态,达到人预设的目的。这与上面讲的物质性工具是一致的。就像大脑的发育与人体其他器官的发育一样是物质性的生理过程。只是人类为它设定的目的与一般的物质性工具不同,是通过改变物质对象的性质或状态去完成基本的具有意识性意义的任务:获取信息,实现可编程逻辑数值计算与处理,以及对信息的展现利用等。其中,核心是实现可编程逻辑数值计算与处理的能力。

物质性虽然是必要的基础,但是它并非意识性技术与工具的本质。反映其本质的,是利用它实现的"外意识"。

"外意识"的构建也遵循与上面基本相同的过程。它指的是通过对基本的逻辑数值计算与处理操作这类意识活动的要素实施时间上与信息/网络空间上的组合编排,实现独特的意识性功能,并作用于意识性的信息之上,产生人所期待的意识性结果的活动。对基本的逻辑数值计算与处理操作的组合编排,才是意识性工具构建的核心本质过程。我们在下面主要对它做一个剖析。

我们不难看出,物质性工具与意识性工具的构建都分为两个层面,第一个层面是构建工具的要素,另一个层面是对要素的加工塑造(仅针对物质性技术与工具)、组合与编排而形成我们需要的工具。加工塑造与组合编排的过程也就是物质性或意识性技术的运用过程。

虽然构建的逻辑是一致的,但是物质性与意识性这两类完全不同的工具在上述两个层面的具体内容上有着重大的差异。

我们先来看第一个层面。

图2-5 人类工具构造过程的解析

物质世界原本就丰富多彩，所以创造物质性工具的要素多种多样。特别是物质材料可由人工合成后，可以说新材料是花样繁多、层出不穷。有足够多的原料，自然就可以"炒"出风味各异的"菜肴"，这是物质性工具持续推陈出新的重要基础。从家居用品到太空飞船，都能看到新材料带来的革命性进步。

与之相比，计算机提供的逻辑数值计算与处理的操作种类则极为有限，可以说几乎是屈指可数。并且这些原理设计从诞生到现在基本没有变化，保持了高度的稳定。极为有限的数量与长期不变的原理设计，让信息技术的根基看上去过于单薄且了无新意，怎么都不像是可以自立门户成为单挑大梁的文明发展支柱的样子。

在第一个层面，也就是要素层面，两者的差异显著地表现为数

2 "暴力计算"时代的"外意识":"上帝"般的自由创造

量上的巨大不同。当我们进入到第二个层面后,它们在性质上的差异则更突出地显现出来。

对物质要素进行塑造以及组合编排,制造出能够达到我们预期目的的工具,是要按照物质世界自身的基本规律进行的。自然科学正是对这些规律的认识。它的诞生与发展,给人类物质性工具的开发提供了有效的方向指引与对结果的预见性,极大地促进了人类物质性技术与工具的繁荣;它所孕育的工业革命,把人类文明推向了全新的高度。对其成就如何赞美都不为过。

对物质世界的基本规律的运用让我们创造了物质性技术与工具的奇迹,但同时这些规律也是我们无法突破的牢笼。在它划定的边界之外,我们的任何构思都永远只能是幻想。我们只能在这些规律允许的范围内,发挥人类的聪明才智。那些天马行空的异想天开只能存在于意识性的艺术作品,比如科幻小说和电影,或者杜撰出来的神话传说中。

以内燃机为动力的燃油汽车自1885年前后诞生到现在已经有近150年的历史,而汽车的设计一直在最初奠定的框架中进行。有人戏称它为"不过是四个轮子,两排沙发,一个发动机再加一个外壳",并没有本质的变化。

现代大型喷气客机在诞生初期,发动机的安装有几种不同的形式:有的安装在主机翼的根部,比如人类第一架喷气客机——英国的"哈维兰彗星"号；有的吊装在主机翼下方，比如美国的波音707；有的安装在机尾，比如一度在中国赫赫有名的英国"三叉戟"客机；还有的采用这两者混合的方式，比如美国麦克唐纳-道格拉斯公司的MD-11大型客机。但随着航空技术的成熟，目前不论哪个厂商生产的大型客机都变成了一个样子：它们的发动机都吊装在主机翼的下方。

汽车的设计框架以及大型客机的统一布局就是人类的创意在物质世界基本规律的指导与限制下收敛的结果。

意识性技术与工具的物质性基础，在其基本层面也具有这种稳定的特征。比如基于硅的集成电路技术已经有近70年的历史了，这些年随着集成电路技术日益逼近物理定律的限制极限，人们开始广泛寻找它的替代品，但至今尚无明确的方向。

物质性技术乃至工具的具体形态一旦"收敛"，往往会稳定很长的时间，有的时候长得惊人。在航天工程这样的高科技领域中，就有一个堪称奇迹的经典。

人类的空间时代开始于1957年，苏联将人类第一颗人造地球卫星送入了太空。随后美国等国家先后获得了发射人造地球卫星的能力。大部分国家将第一颗卫星送入太空的运载火箭早已不见踪影，但是作为苏联遗产的最大继承者，俄罗斯的情况则有所不同。

基于苏联R-7洲际弹道导弹衍生而来的、将人类第一颗人造卫星送入太空的运载火箭,是开创人类空间时代的先驱。而其改进型号至今宝刀不老,依然是俄罗斯载人航天的唯一运载工具,也是其中型航天载荷的主力运载火箭,美国NASA和欧洲航天局都曾使用过它。它堪称人类航天运载火箭的不老传奇、永恒经典。

R-7洲际弹道导弹　　人类第一颗人造地球　　人类第一位宇航员　　俄罗斯主力中型
　　　　　　　　　　卫星发射　　　　　　尤里·加加林进入太空　运载火箭联盟号

图2-6　跨越60多年的苏联/俄罗斯"联盟"系列运载火箭

"联盟"系列运载火箭的超长寿命,反映了其总设计师科罗廖夫傲视群雄的远见卓识,同时也折射出了人类在走向太空时遇到的巨大困境。

人类最大的渴望之一便是冲出太阳系去遨游宇宙深空,哪怕一去不返。但是至今我们认识与掌握的物质世界的基本规律无法提供合适的技术手段,让我们可以探访其他星系。在物质世界基本规律的限制下,我们也许永远只能利用《星际穿越》这样的影片来满足自己奔向星辰大海的渴望。

物质世界的基本规律给物质性技术与工具的发展提供了方向性的指引与目标实现的可预见性，同时也划定了其可实现的边界，带来了技术方法与工具形态的收敛。这是人类物质性技术与工具的基本特征。

自然科学诞生400多年来，人类从当初的激动兴奋、无限憧憬，慢慢进入到了一个新的时期。人类越来越明显地感受到了物质世界基本规律的不可摆脱的束缚。

与之相比，构造意识性工具的组合编排技术则别有洞天，完全是一番天高任鸟飞、海阔凭鱼跃的景象。虽然它可以利用的要素的数量十分有限。

人类在吃饱喝足之余，对自己的精神世界的兴趣，一点也不亚于对外在的物质世界的兴趣。但不幸的是，经过千百年的努力，我们对物质世界的基本规律有了相当广泛与深入的认识，自然科学与基于自然科学理论的工程技术成了人类文明最辉煌的成就之一；可是对于让人成其为人的精神意识活动的认识，我们到现在还处于"前科学"状态。

一方面，人类一直坚持在现代科学的框架中，从意识活动现象（心理学）与神经活动过程（生理学）两个角度入手，来试图构建对

2 "暴力计算"时代的"外意识":"上帝"般的自由创造

意识活动基本规律的系统性认识。但是至今也没能产生一个符合现代科学规范的、能够有效指导技术实践的基本理论。前面讲过,万般无奈之下,有科学家建议索性把意识作为一个基本要素嵌入到对整个世界的描述之中,让整个世界在根基上成为物质与意识的混合体。但这还仅仅是一个不知如何操作的空想。

从另外一个方面来看,既然在科学框架内的努力举步维艰,我们是否可以另起炉灶,从一个完全不同的起点开始,建立一套对意识活动的系统性认识?

佛教很早就发展了一套复杂玄妙的关于人类意识活动的说法,但它缺少可操作的技术逻辑特征。虽然有不少人依据量子世界中令人困惑的如"量子纠缠"等现象,试图将佛教与量子力学进行"对接",但是至今这些努力还仅仅停留在粗糙的类比层面。比如,中国科学院院士朱清时教授颇有禅意地讲过一句名言"科学家千辛万苦爬到山顶时,佛学大师已在此等候多时了",并提出了"量子佛学"一词。但是在这个方向上迄今也没有人做出任何可以指导实践操作或可经实践验证的成果。对此有人挖苦道:"当科学家千辛万苦爬到山顶时,才发现佛学大师其实根本不在那里。"

或许有朋友会想起人工智能领域著名的"图灵测试"或计算机科学领域的"计算复杂性理论"。它们属于对意识活动的基本规律的认识吗?图灵测试实际上是一种对计算机应用("外意识")的主观评价方法,并不满足科学规范中基本的客观性要求。所以它实在算不上是一种科学意义上的测试标准。今天精心训练的大语言模型等人工智能系统据称可以通过图灵测试，但是它们并没有因此被认定为具有了与人类相同的智能。作为顶级数学家的图灵，提出这样的主观性测试方法，也反映了人类在面对意识活动时的茫然无措。而计算复杂性理论仅仅关注一个算法，也就是某一种对逻辑数值计算与处理的组合编排所包含的在数学意义上的计算量的大小等问题，并不涉及其中的意识性内容或意义。所以它们都远远算不上是对意识活动基本规律的认识。

没有对规律的认识就没有对行动的指导，但同时也没有了制约。这是意识性工具与物质性工具在构建时的最大不同。这让"外意识"的构建虽然只有非常有限的基本要素，但是这些要素在时间与空间中的组合编排却有几乎无限的可能，特别是进入到"暴力计算"时代获得了几乎无限可用的计算、存储资源与网络空间后。这也与物质性工具的有限性形成了鲜明的对比。

当然，指导与制约的缺失也带来了迷茫。有时自由是最大的困惑。

2.4　凡夫的迷茫与"上帝"的快感

由于不存在一套系统的对意识活动基本规律的认识——我们甚至都无法确定意识活动是否有规律可循，所以我们在构造"外意识"

2 "暴力计算"时代的"外意识":"上帝"般的自由创造

的时候显得惘然与盲目。人类一路走来跌跌撞撞,远不像在近现代科学诞生之后发展物质性工具时那样有方向感与预见性。

"天高任鸟飞",但是我们不知道"外意识"应该以及可以飞向何方。

科学家们曾经信心满满地认为,在不长的时间内,我们就可以用"外意识"完全实现大脑"内意识"的所有功能,并且在1956年给它起了一个高大上的名字——"人工智能"。

对于这些学者的乐观态度,美国的著名智库兰德公司在1965年当头泼了一盆冷水。在那一年,兰德公司的研究顾问、麻省理工学院的年轻教师休伯特·L.德雷弗斯博士(Hubert L. Dreyfus,时年36岁)撰写了一份研究报告,题为"炼金术与人工智能"("Alchemy and Artificial Intelligence")。该报告后来成为兰德公司销量最高的报告之一。德雷弗斯对当时人工智能的研究提出质疑,指出这些研究缺少必要的基础。他毫不客气地揶揄道:"我们不能因为爬上了树,就认为自己离登上月球的目标更近了一步。"德雷弗斯是这样结束整篇报告的:"如果炼金术士不再关注曲颈瓶和五角器皿,而把时间花在寻找问题的深层结构,就像人从树上下来开始着手发明火与车轮,事情就会向一个更令人鼓舞的方向发展。毕竟,三百年后我们确实将铅转化成了黄金(也确实登上了月球),但这只有在我们放弃了炼金术水平上的工作,达到化学水平甚至更深层次的原子水平后才会发生。"(相关内容见:www.rand.org/content/

dam/rand/pubs/papers/2006/P3244.pdf）

事实上，德雷弗斯提出的核心问题至今依然没有答案。但兰德公司的这盆冷水并没有熄灭那些提出人工智能这个新术语的学者们的自信。

1965年，人工智能的奠基人之一、卡内基梅隆大学的H.A.西蒙（H. A. Simon，1916年6月15日—2001年2月9日，心理学家，1975年获得图灵奖，1978年获诺贝尔经济学奖）乐观地预测："二十年内，机器将能完成人能做到的一切工作。"

随后在1967年，人工智能领域另外一位奠基人、麻省理工学院的马文·明斯基（Marvin Minsky，1927年8月9日—2016年1月24日，认知科学家，1969年获得图灵奖）断定："一代之内……创造'人工智能'的问题将获得实质上的解决。"1970年，他再次乐观地预言："在三到八年的时间里我们将得到一台具有人类平均智能的机器。"

虽然现实无情地打碎了这些人工智能泰斗们的预言，日本通产省还是在1981年倾举国之力雄心勃勃地启动了让全球大大地虚惊了一场的"第五代计算机"——并行推理机（Parallel Inference Machine，PIM）研制计划。当时有人"预测"：第一个掌握了第五代机的国家，将获得国家发展的加速器，一路绝尘而去，将其他国家甩得越来越远。

2 "暴力计算"时代的"外意识":"上帝"般的自由创造

所以当时欧美都出台了相应的应对措施。日本第五代计算机研制计划的目标是用十年的时间开发出能够根据自然语言的指示完成复杂推理分析任务的人工智能机器。该计划造出了物理硬件,但是没能设计出可以实现预期人工智能目标的软件("外意识"),因而在1992年以失败告终。从这个失败中我们能够清晰地看出,信息技术的物理硬件不能反映它的本质。

图2-7 日本"第五代计算机"PIM,传统人工智能技术的"绝唱"

日本这次努力的失败让其他国家终于松了口气:日本人总算没有能够创造我们不知道该如何实现的奇迹。

当年科学家们对实现人工智能的坚定信心并不是基于对意识活动规律的认识,而是建立在超出了科学框架的想象与信念之上。当然超出科学框架的想象与信念未必就一定会错,但这次确实错得有点离谱,而且持续的时间也有点长。事实上直到今天,要造出一台与人类大脑有类似意识能力的机器,我们连应该从哪里起步才能实现这一目标都不清楚。原因就在于我们没有一个关于人类意识活动的基本理论。

那么今天的人工智能技术到底是何种神功？其实它只是我们利用逻辑数值计算与处理去解决具体问题的经验性方法，在很多情况下其核心是基于对数据的统计分析。数据对于人来说具有不同的含义，对这种含义CPU毫无感知，人工智能的能力体现在人类设计的花样繁多的统计算法当中。

在存在巨量可能性的海阔天空中，不仅有幻灭的沮丧，还有意外的惊喜。

出乎预料的是，虽然我们没有能够在大脑之外复现人类的一般性意识或智能，但是利用当年人工智能并不重视的包括统计方法在内的一些已有的数学方法，借助"暴力计算"，我们确实解决了大量曾经让我们一筹莫展的问题，而这些问题一度被认为需要智能原理上的突破、找到更精妙的方法才有希望能够被解决。所以"人工智能"借助"暴力计算"在21世纪第二个十年开始的时候，实现了奇迹般的"复兴"。

对于信息技术这个意识性技术与工具的发展缺少预见性，不仅体现为曾经的盲目乐观，还曾多次表现为对它的低估与轻视。最近一次发生在2001年。

2 "暴力计算"时代的"外意识":"上帝"般的自由创造

在那一年,随着纽约世贸双子塔的倒塌,持续多年的全球互联网泡沫也随之破灭。这导致很多人对信息技术的发展前景悲观失望,认为信息技术已近于明日黄花,无法再当大任。当时在国际上,大家开始讨论的一个关键问题是:什么是继信息技术后下一个推动世界经济发展的新引擎?在搜寻了人类科技领域的所有角落之后,生物技术被戴上了"希望之星"的桂冠。

人们显然忽视了生物技术并非一个在社会各个领域内具有广泛应用的技术。虽然它有了长足的发展,但是它至今也没有能够如当初预期的那样在社会经济层面翻起如信息浪潮那样的滔天巨浪。

而信息技术在获得了"暴力计算"的加持之后,再度成了推动人类进步与发展当仁不让的主角,成了大国竞争的一个主战场。

被低估了的信息技术在跨过"暴力计算"这一关键门槛后面貌焕然一新,通过"外意识"对社会各个领域的全面渗透推动人类社会进入了一个全新的发展阶段。以至于达沃斯论坛的创始人克劳斯·施瓦布(Klaus Schwab)先生声称人类的"第四次工业革命"已经到来了,"数字经济"成了世界各主要经济体的政府关注的核心焦点之一。

其实信息技术带来的更大的惊奇,还不在于解决那些我们已经熟知的具体问题,比如下围棋时,"外意识"可以比"内意识"更胜一筹。"区块链"技术让我们看到了"外意识"在我们熟悉的范围之外，还有一个完全超出想象的、看不到限制边界的价值创造空间。

金融领域是在科学计算之外最早采用信息技术的行业之一。银行的信息系统为了保证安全，对内对外层层设防，从技术手段到管理措施应有尽有。在比特币诞生之前，不论是金融行业还是信息技术行业，都没有人想过一个在无人监管的情况下运行在开放的互联网上的银行货币系统，在任何人都可以参与的情况下，它却可以保证几乎绝对可靠与安全地运行，无人能够对它动手脚。这就是支撑比特币系统的区块链技术创造的奇迹。

"中本聪"巧妙地构思出了这种崭新的系统构建方法，对已有的基础性技术做组合编排，创造了区块链这个分布式地运行于开放网络之上的神奇的"外意识"。可以弥散化、分布式地运行，是"外意识"相对于"内意识"的一个独到之处。

区块链出现的意义，不在于它是否会有广泛的应用，而在于它明白无误地让我们看到，当"暴力计算"时代信息技术的处理能力、通信能力及存储能力都不再是瓶颈之后，"外意识"可以在人类内意识能力的边界之外、在人类的经验与想象的边界之外、在意识活动领域创造出什么样新的奇迹。这激发了人们利用信息技术创造全新未来的极大热情。

区块链带来的震撼让不少热衷于人工智能的人士颇不淡定。在他们的心中，人工智能才是皇冠上的明珠，怎么就让区块链抢了风头?他们费了不少心思试图将区块链纳入人工智能的范畴。其实他们的问题在于没有理解信息技术应用的意识性本质,拘泥于用狭隘的眼光来看待"外意识"的发展,而没能看见在人工智能领域之外,信息技术应用更大的发展空间。

实际上,从创新的角度来看,区块链才是真正的原创。因为从底层机制到上层功能,它都具有独创性。而人工智能做得再出色,在功能上都只是在模仿人类。有模仿的对象或方向,是人工智能吸引众多研究者的一个重要原因。如区块链那样没有模仿对象的创新显然难度要大得多。如果"外意识"的发展被人工智能的现有方向所束缚,则人类会失去极其宝贵的自由创造的可能性。

由于没有明确的系统化理论提供方向性的指导与预见性,也自然没有什么客观规律的约束与限制,所以"外意识"的构建成了一种与艺术创作非常相像的自由创造。而在几乎没有制约地自由创造"外意识"的过程中,人类似乎体验到了原本独属于"上帝"的酣畅快感和无上权力。

虽然基本要素非常有限,但由于没有客观规律的"硬"约束,所以其组合编排的变化可以无穷无尽,看不到边界与尽头。这导致了构建"外意识"的技术所特有的任意性与发散性,以及"外意识"无边界的突变性发展与系统复杂性几乎无限制的不断增长。

以计算机编程语言为例。目前它拥有了庞大的数量,仅脚本语言的数量就接近百种，常用的有10种。这些编程语言持续不断地推陈出新，而且不同语言彼此之间存在大量功能上的交叉重叠。这正是"外意识"上述特征的一个典型表现。

这些特点，导致信息技术应用这个"外意识"不论在技术还是具体应用的功能与形态的发展方面，都与物质性技术与工具有了本质的差异。"外意识"的这种不确定性、不稳定性与发散性，让软件技术不断花样翻新，以至于软件设计被认为是一个吃青春饭的行当。

而信息技术的物质性硬件，则与物质性技术与工具具有同样的特征。这就使得信息技术及产品分为了既互相紧密联系又存在根本性特征差异的两个不同的部分。这两部分虽然都冠以信息技术之名，却有着各自不同的发展逻辑。分清这两种逻辑的不同作用与意义，是清晰准确地理解信息技术产业未来发展的一个关键。

2.5 现代工匠技艺的"孤狼"式创新

在物质性技术与工具领域内，由于有客观规律作为指引的方向，所以在自然科学相对成熟的近代以来，重要的创新基本都具有某种群体性的特点。

以无线电技术的发明为例。通常认为意大利工程师马可尼在1896年前后首次实现了无线电信号的传送，但许多美国人却认为美

2 "暴力计算"时代的"外意识":"上帝"般的自由创造

国发明家尼古拉·特斯拉是第一个推出这项技术的人,不少俄罗斯人则认为这项桂冠应该归属于俄罗斯科学家亚历山大·斯捷潘诺维奇·波波夫。因为他们在同期分别做了几乎相同的工作。甚至据说来自新西兰的著名物理学家欧内斯特·卢瑟福当年在投身核物理学研究之前,"在无线电领域的名声可以与马可尼相提并论"。(参考自《科学之魂:爱因斯坦、海森堡、玻尔关于不确定性的辩论》,[美]戴维·林德利著,李永学译,浙江人民出版社,2018年10月)

虽然苏联在科罗廖夫等人的努力下发射了第一颗人造地球卫星,但是美国当时的技术与苏联其实不相上下。美国实际上是计划赶在苏联之前发射自己的第一颗卫星的,后来由于一些技术问题,让苏联人抢得了头彩。

而今天,许多国家都在现代物理学的指引下努力发展受控热核聚变技术,以期实现廉价能源无限供给的梦想。具体的技术路径也是业内人所共知。

甚至在纯理论领域也是大抵如此。虽然创立相对论的荣誉几乎完全被归于爱因斯坦,但是在他之前和与他同时,也有不少的人从事相关的研究,并且取得了重要的成果。比如狭义相对论的核心思想、不同惯性参考系之间的坐标变换,就叫"洛伦兹变换"而不是"爱因斯坦变换"。因为它是由著名的荷兰物理学家亨德里克·安东·洛伦兹于1904年提出的,先于爱因斯坦在1905年发表的狭义相对论。

在物质性技术与工具领域，人们很难"躲进小楼成一统"。你经常会或失望或惊喜地发现自己并不是一个人在战斗，在世界上其他地方总有人在默默地做着同样的努力。这导致许多创新成就的归属权都有很大的争议。

意识性技术与工具的发展则颇有些不同，因为没有明确的系统化理论来指引方向。在那些普遍性与常规性的问题基本都被触及之后，意识活动无约束的发散性表现得越来越明显。特别是在"暴力计算"推动着"外意识"蓬勃发展的今天，几个影响广泛的重大突破，都是在众人预料之外的情况下以"孤狼"式创新实现的。

让人工智能"起死回生"的"深度学习"，就是在被整个业界打入冷宫多年的人工神经网络技术的基础上，辛顿本人近40年锲而不舍努力的结果。

辛顿在大学本科时学的是心理学，读博士时开始进入人工智能领域。自此便坚信人工神经网络是实现人工智能的有效途径。近40年间，人工智能几起几落，人工神经网络在20世纪90年代后更是被打入冷宫，全球范围内几乎没有资金再支持这个方向的研究。但辛顿从未退缩，从英国到美国再到加拿大，他几经辗转依然心无旁骛，从青春韶华做到年过花甲。

终于在"暴力计算"的"加持"下，65岁的他带领学生在2012年举办的第三届ImageNet Large Scale Visual Recognition Challenge

大赛上一战成名,让"深度学习"扬名天下。他们是历届大赛中唯一使用"深度学习"人工神经网络技术的参赛者。人工智能经过20多年漫长的寒冬后借此满血复活,辛顿也因此而被誉为"人工智能教父"。

2018年,因为在"深度学习"领域的贡献,辛顿与其他两人共同获得图灵奖,被称为"深度学习三巨头"。三巨头中的杨立坤(Yann LeCun)在博士毕业后曾经投身于辛顿门下做博士后,而另外一位约书亚·班吉奥(Yoshua Bengio)曾经是杨立坤在AT&T工作时的下属。

图2-8 "深度学习三巨头",从右到左分别为辛顿、班吉奥和杨立坤

2018年,《彭博商业周刊》为辛顿制作了一则视频短片。在短片中主持人问:"你认为到底是你内心中的什么东西,让你在别人都不看好而放弃时,依然矢志不渝,坚信这是正确的方向?"他回答道:"我知道其他人都是错的。"以个人的直觉洞见为指引,用近一生的时间带领少数几个人,在整个业界的漠视中,在业界的主流之

外创造了一个改变产业的奇迹。这就是典型的"孤狼"式创新。

"孤狼"式创新不是独自做成了别人做不到的事，而是做成了几乎所有人都想不到、不相信或不看好的事，并产生了重要的价值。

如果说"深度学习"是一种技术方法的重大改进式进步，就效果而言让我们距离期望已久的目标更进了一步的话，区块链就是用一个崭新的分布式系统原理设计，实现了众人未曾预期的效果，开辟了一个全新的技术方向。区块链的出现对社会产生的巨大震撼，远远超过了包括人工智能与大数据在内的其他信息技术。从中可以清晰地感受到其超出众人想象的奇异性、突然性与颠覆性。

区块链的横空出世，更具有"孤狼"式创新的色彩。而且创造该技术的"中本聪"这匹"孤狼"到底是何方神圣，至今依然没有确切答案。这导致这个重大创新的功劳至今无法确定应该归属于谁。这也让区块链近乎成了一个"神迹"，我们无从探究这个创新到底经历了怎样的从目标确立，到系统原理构思，再到技术实现的过程。

"孤狼"式创新并不意味着它凭空而来，没有继承性。事实上，"深度学习"的出现是建立在许多学者多年来对人工神经网络及相关问题的研究基础上的；区块链底层采用的基础技术，如对等网络、非对称加密以及防篡改等，都是业内成熟的技术。它们都是在继承的基础上，创造了超出预期的结果或全新的方向。

2 "暴力计算"时代的"外意识":"上帝"般的自由创造

这两例几乎同时出现的、具有巨大影响的"孤狼"式创新,很难用"偶然"来解释。在缺少坚实理论支撑的意识活动领域,当我们熟悉的那些可以用常规性方法解决的问题大都得到了较好的应对后,重大的创新,特别是非常规的、具有原创性的突破,以"孤狼"的形式出现,反映了一种客观规律,甚至可能代表了一种主要的模式。这种现象在同为意识性的艺术领域早就是理所当然,不足为奇。

它也让我们回想起了在自然科学诞生之前,物质性技术与工具的发展步履蹒跚的工匠时代。那时能工巧匠们奇思妙想的发明创造,是推动技术与工具发展的中坚力量。后来自然科学与相应技术方法的创立与发展,才让工匠技艺逐步退出了舞台的中央,成了补充性的配角。

今天的意识性技术与工具,正处在自己的"工匠时代",比物质性技术与工具落后了以百年来计量的跨度。人类是否或何时能够进入掌握意识活动规律的自由王国尚未可知。在物质科技充分发达的当代,意识性技术与工具的工匠技艺反而成了人类文明发展的主要动力之一,不能不说是现代文明的奇观异景。

工匠时代"孤狼"式创新所具有的难以预期性,对以效率为导向的、注重可预期性的现代社会的管理理念提出了重大的挑战。尤其是当意识性技术与工具在社会生活中扮演越来越重要的角色、产生越来越广泛的影响的大趋势下,如何应对这个挑战将成为社会管理的一个重要课题。对于有着较强群体认同意识并试图迈向创新型社会的国家而言尤其如此。

2.6 "外意识"隐形的"锚链"和稳固的"锚点"

当信息技术的物质基础不再是制约"外意识"发展的瓶颈，随之而来的一个重要的问题便是："外意识"可以无限制地飞向任意的远方吗？

这个世界上从来不存在绝对的"自由"。任何事物的发展，都必然要受到其赖以存在的基础前提与相关条件的约束。"外意识"也不能例外。

"外意识"是建立在逻辑数值计算与处理之上的。这是其无法摆脱的存在前提或内在基础。那么这个前提或基础意味着什么？

到目前为止，我们利用对逻辑数值计算与处理的组合与编排已经在大脑外部实现了大脑的许多意识活动，并且在这些活动的能力上甚至超过了大脑自身。但是我们依然无法确定这种做法是否可以复现大脑的所有意识活动。因为我们对大脑到底是怎么工作的还知之甚少，依然无法将很多复杂的意识活动过程还原为逻辑数值计算与处理。当然一直有不少人对此持乐观态度。就像古希腊时期毕达哥拉斯学派坚信"万物皆数"那样，他们相信大脑的底层机制也一定可以解释为逻辑数值计算与处理过程。但是迄今为止我们还没有充分的证据来肯定或否定这个论断。

所以对于这个问题,从现实而不是空想的角度出发,我们能够下的结论是:"外意识"可以实现许多"内意识"可以完成的活动,并且在其中某些意识活动的能力或效果上可以超过"内意识";它也可以实现一些"内意识"在理论上根本无法完成的意识活动,比如区块链。

而且我们可以进一步推断的是,在这两个方面它都应该有自己发展的极限,但却没有一个可用的理论来帮助我们确定这个极限在哪里。

在物质运动领域中,依靠自然科学,我们能够确定有许多明确的不可逾越的边界。比如能量守恒就决定了我们不可能造出永动机;光速不变,而且它是一切物质运动速度的极限,决定了我们不可能以超光速旅行。

但是在意识领域,我们做不出类似的判断。"外意识"赖以存在的逻辑数值计算与处理属于纯数学领域的基本操作。几千年来人类发展出匪夷所思的各类高深精妙的数学工具与方法,但是与人类的意识活动相比,那些工具似乎还太过"简陋",或者说更像是南辕北辙,与意识活动彼此相关性不大。如何将数学方法与意识活动系统性地而非就事论事地关联起来,包括数学家在内的各领域的专家们几乎都还无能为力。比如在热闹非凡的人工智能领域中使用的各种数学方法，都还仅仅停留在就事论事的层面，通过实验的方式去解决一些具体的问题，或者说完成一些具体的意识性活动。它们都属于在实践中不断摸索的、就事论事的工匠技艺。

因此对于"外意识"，我们只能用创造性的实践方式不断去试探它的极限在哪里。这也再次显示出"外意识"的发展是高度开放性的工作，其必然含有比物质性技术与工具的发展更多的盲目性，但它同时也给人类的创造力提供了一个可以充分表演的巨大舞台。

除了其赖以存在的基础对其发展的制约，"外意识"必然还受其存在所必需的相关条件的限制。

"外意识"是人类内意识的创造，它接受外来的信息，完成既定的处理后将结果信息输出，实现人类设定的目的。输入与输出，一个是它的起点，一个是它的终点。

如果我们进一步观察，"外意识"接受的信息有两个截然不同的来源。其中一个来源是人类大脑的内意识。我们每天都会将大量来自我们大脑内意识的信息提供给计算机处理，这些信息反映了我们内意识的活动。同时，随着传感技术的快速发展，物质世界中越来越多的状况也被各种类型的传感装置转化成了数字化信息，成了"外意识"的另一个输入来源，这些信息反映的是客观物质世界的运动变化状况。

2 "暴力计算"时代的"外意识":"上帝"般的自由创造

我们再来看一下"外意识"产出结果的作用,也同样针对这两个截然不同的领域。"外意识"运行的大量结果都直接为人所用,而不论其输入的信息是来自物质世界还是我们的内意识。"外意识"正是以这种方式与内意识交相辉映,强化、延伸、发展着人类的意识活动能力。同时,随着智能设备的大量涌现,"外意识"也越来越多地直接介入到了物质世界的运动之中:接受了来自物质世界与人类内意识信息的"外意识",按照人类设定的逻辑运行,其输出的信息通过将信息变换成物质状态的设备(如伺服驱动机构等)作用于物质性对象,达到拓展人类意识活动对物质世界的作用范围与程度的目的。

从"外意识"的输入与输出这两端发生的情况我们不难看出,人类的内意识和物质世界这两个因素,是"外意识"发展中的两个稳固的"锚点",因而也是信息技术创造出来的虚拟世界的两个稳固的"锚点"。

不论"外意识"如何放飞自我,它都始终与这两个外部"锚点"中的至少一个或显性或隐性地相连。彻底挣脱这两个"锚点",或者会让"外意识"失去其存在的意义,或者意味着它真的已经"修炼成精",自己为自己赋予了独立于人类和这个物质世界的新的"意义"。不过后面这种情况在可预见的未来,还只能存在于科幻小说之中。

抛开其赖以存在的物质性硬件基础,我们将三个对"外意识"的制约因素(逻辑数值计算与处理、人的内意识和物质性的存在)

与"外意识"的关系简单地示意如下。

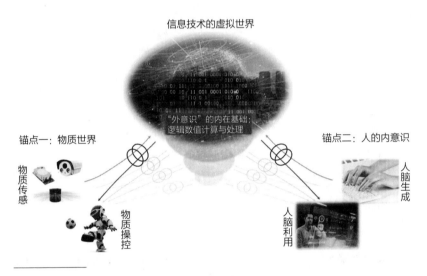

图2-9 "外意识"与其内在基础及两个"锚点"

如果我们再进一步剖析人类的内意识，就回到了一个基本的哲学性论断：人类的内意识也是"锚定"在物质存在之上的。不过在分析"外意识"的时候，我们没有必要回溯到这个程度。

既然我们没有办法像物质科学那样建立系统严密的理论，用来描述"外意识"的内在基础与外部两个"锚点"对其的具体制约，那么上面所做的概念化的定性分析是否就仅仅是坐而论道，而没有什么实际意义？其实不然。

举个例子，计算机是否能够拥有情感，是很多人感兴趣的问题。

2 "暴力计算"时代的"外意识":"上帝"般的自由创造

我们虽然没有办法给出一个明确的结论,但是上述分析让我们可以下这样一个判断:如果有办法将情绪反应转化成一个逻辑计算问题,计算机就可能会拥有情感。这至少给出了一个具有操作性的努力方向,而不是仅仅停留在臆想层面或只能盲目尝试。

而对于那些既脱离物质存在,也与人类精神需求无关的对虚拟世界的奇思妙想,不论有什么样的大师对其"加持",我们显然也不必太当真,更不必浪费生命去追逐那些炒作。

"外意识"飞得再高,也要基于逻辑数值计算与处理;它飞得再远,也要与至少一个"锚点"相连。对于开创性工作而言,原则性、方向性的认识与判断弥足珍贵。

而人类用信息技术构造出来的以"外意识"为主角的数字化虚拟世界并不是物质世界的"孪生",因为意识性活动与物质性存在从来就不是"孪生"的对等关系。把数字化虚拟世界描述为物质世界的"孪生",大概是为了满足人类做"上帝"的虚荣心;人也无法割断自己与现实世界的联系的锚链去"依空立世界",自成体系地自娱自乐。虚拟世界存在的意义只能来自于"上帝"创造出来的这个包括人类在内的、孤悬于宇宙的现实世界。

隐形的锚链虽然若有若无,但永远相伴;稳固的"锚点"尽管若隐若现,却坚固如山。

人类凭借两三百万年的"修炼"还远远无法与"上帝"一较高下，包括"外意识"在内的人类的创造无论多么宏伟壮丽、多彩多姿，也只是在"上帝"的手掌上翻出了更花式的跟头而已。

下面我们再下沉一层，更深入具体地看一下人类组合编排"外意识"这套"把式"有哪些套路、特点，有哪些长处与局限。

3

"外意识"的算法本质

3 "外意识"的算法本质

在暴力计算的加持下,"人工智能"从21世纪的第二个十年起,终于成了信息技术应用这个人类的"外意识"领域最为闪耀的明星,甚至被当成了大国竞争新的制高点。

我们必须承认,约翰·麦卡锡(1927年9月4日—2011年10月24日,美国计算机科学家、认知科学家,斯坦福大学教授,1971年图灵奖获得者)于1956年夏天在达特茅斯学院那场著名的研讨会上首次提出的"人工智能"这个术语是极具魅惑力的。虽然它至今都没有明确的、公认的定义,却催生了人类无限的遐想。

在潜移默化中,它让行业内外、专业或非专业的诸多相关人士对那些带着"人工智能"光环的信息处理技术与方法刮目相看,赋予其与其他信息技术应用很不相同的内涵,似乎"人工智能"与信息技术应用有着很不相同的基因。比如国内曾有一位著名的人工智能专家呼吁:"'人工智能'具有学习能力,它不是完全由程序实现的'算法',所以我们关注的基点不应该放在算法上,而是应该立足于交互学习等方面去研究它。"

这段话说得相当含糊其辞,把不同层面的事情混杂在了一起。但是其试图把"人工智能"与计算机算法割裂开来却是明确无疑的,它在暗示"人工智能"的机理是不能仅仅从计算机算法本身来分析的,它有着与其他的信息技术应用不同的基础。

掺杂了各种因素的喧嚣,包括对表象末节的不断渲染,让"人工智能"技术不仅显得愈发高大上,而且也变得愈发深奥难解。它带着的耀眼的光环,也让人们更加漠视那些被排斥在"人工智能"范畴之外的其他信息技术应用原本就具有的意识性本质。

由于计算机实现的"人工智能"花样繁多,有些人便反过来声称"计算机不是只会'计算'",但这是一种逻辑混乱的说辞。事实上,不论采用什么样的硬件,今天的"人工智能"依然与其他的信息技术应用一样,是用逻辑数值计算与处理来实现的。它们遵循的都是同样的基本构建模式。

下面,我们就从逻辑数值计算与处理这个源头出发,比上一章更加具体地来看一下包括人工智能在内的信息技术应用这个"外意识"的基本构建模式。并在此基础上,从不同的角度对"外意识",特别是对当前在人工智能领域中挑大梁的统计算法的本质,做一些具有普遍意义的深入剖析。

3.1 "外意识"构建的模式:用"算法"解决逻辑数值计算与处理类问题

虽然信息技术应用五花八门、彼此迥异,但是计算机解决所有问题的途径,都是逻辑数值计算与处理。或者如前所述,任何形式的"外意识"都是对计算机能够实现的逻辑数值计算与处理操作的某种组合编排。所以,所有的信息技术应用或者说所有用计算机实现的"外意识",都遵循如图3-1所示的模式。

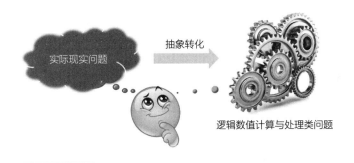

图3-1 实际问题的抽象转化

如图3-1所示,我们首先要对需要解决的不同领域内各种不同的现实问题做分析,将其抽象转化为一个逻辑数值计算与处理类问题,即转化成为一个可以用数值或数值化的信息及它们之间的逻辑关系来描述或表示的问题,这样问题的解决才有可能借助逻辑数值计算与处理的方法来完成。这通常是一个对问题本身的"数字化"

或"数字化建模"的过程。

比如一张传统的照片被数字化以后，其内容的识别问题就可以采用逻辑数值计算与处理的方法来解决。而对于有着更加复杂背景的问题，比如各种行业的复杂应用问题，就需要用数字化建模的方式，建立问题的数字化逻辑模型，从而将问题转化为逻辑数值计算与处理类问题，然后才能够用信息技术去解决，实现相应的行业应用。

从这个角度看，我们不难理解，信息技术应用的发展历程就是不断探索用逻辑数值计算与处理的方法去解决各种性质不同、面目迥异的问题的过程，这也是"外意识"不断拓展自己的活动疆域的过程。不论问题呈现出什么样的面目，信息技术只有一个手段：逻辑数值计算与处理，它以这个"不变"去应付实际问题的"万变"。

这个过程从原本就属于逻辑数值计算范畴的科学与工程技术中的计算问题起步，所以计算机最开始的应用就是科学与工程计算。随着计算机能力的持续增强，它逐步被用于解决那些看上去不抽象，但却可以被抽象、转化为逻辑数值计算与处理类的问题。随着计算机处理能力的持续提升，特别是在获得"暴力计算"的能力后，人们发现越来越多看上去与逻辑数值计算与处理并不相干的问题，其实都可以想办法转化成为这样的问题，然后由计算机来有效地解决。在这个过程中的很长一段时间里，计算机确实被许多人低估了。

3 "外意识"的算法本质

　　缺少对数字化的信息技术惊人潜力的预见性,曾经让日本这个世界电视强国在高清晰度电视领域遭受了重大的挫败。其倾全国之力耗费20年左右斥巨资开发成功的基于传统模拟视频信号技术的高清晰度电视系统,虽然在1990年成为全球首个投入运营的高清晰度电视服务系统,却很快就被淘汰。因为美国领衔的、基于数字化信息技术的高清晰度电视标准后来者居上,它将视频处理转化为数值计算问题,以无可争辩的优势一统天下。

图3-2　日本开发的基于传统模拟视频信号技术的高清晰度电视系列产品

　　对于"外意识"拓展自身活动疆域的这个过程,没有一套有效的理论能够帮我们预见拓展的步伐会在哪里止步。所以"外意识"在被不断过度夸大的同时，也不断给我们带来意外的惊喜。

对于一个现实具体的问题，是否可以以及如何操作才能将其抽象转化为一个逻辑数值计算与处理类的问题，并没有一套理论能够给我们确定性的答案或指导。我们只能依靠已有的经验不断地尝试。比如直至今日，我们还没有能够找到将人类的情感活动问题抽象转化为一个逻辑数值计算与处理类问题的途径。所以在如何让人类的"外意识"拥有情感方面我们还没有捋出头绪。但是我们并不能因此就下一个定论，说人类永远也无法让机器拥有情感。

将一个实际问题抽象转化为逻辑数值计算与处理类问题之后，就进入了利用计算机来解决问题的阶段。这个阶段有两个基本的、并行相关的环节。

一个环节是为这个逻辑数值计算与处理类问题设计出一个能够有效解决它的逻辑数值计算处理流程，即对逻辑数值计算与处理操作做组合编排。这样的流程是计算机可以实现，并且能够在有限的操作步骤后终止的。这样的流程也就是所谓的"算法"，其中包含了解决问题所必需的知识或经验。人类以此为基础编制出解决问题的软件程序。所以一个不需要无限计算时间与空间资源就能够给出处理结果的软件程序就是某个"算法"的具体表现形式，也就是对计算机可以完成的逻辑数值计算与处理操作进行的一种组合编排。

另一个环节就是要准备好解决问题所需要的信息/数据,这是程序解决问题所需要的输入。

在此基础上,计算机就可以利用自己的逻辑数值计算与处理能力,在软件程序,也就是人类的"外意识"控制下完成对输入数据的处理,给出问题的答案(见图3-3)。

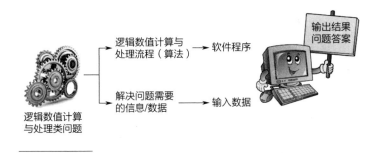

图3-3　用算法解决逻辑数值计算与处理类问题

显而易见,针对不同的问题,软件程序实现的是不同的、包含了各种知识或经验的算法流程。虽然不同的算法在具体内容与复杂程度上可能有天壤之别,但是实现这些算法的软件程序却都是人类的"外意识",完成的都是意识性的智能活动。就像博士、教授们动脑子写论文是人类的智能活动,小学生用铅笔做四则运算同样也属于人类的智能活动,虽然两者的复杂度相差巨大。

对如图3-1和图3-3所示的计算机解决问题的一般模式,我们可以做如下的概括:

任何一个问题，只有把它变成逻辑数值计算与处理类问题，计算机才有可能解决它；反过来，计算机解决任何问题，都是通过特定的逻辑数值计算与处理过程，也就是"算法"来实现的。

不论计算机做了什么样的惊人之举或高难度动作，都是对逻辑数值计算与处理操作的组合编排，并没有什么其他类型或性质的操作被纳入其中。计算机所有的奥妙，都在如何去编排组合这些基本操作，即如何设计算法之中。

因此，人工智能"不是完全由程序实现的'算法'"的说法，违背了基本的事实。不论"外意识"创造出什么样的奇迹，设计算法都是最为核心的工作，因此我们只能从实现它的算法中去寻找真相和答案。

所以，当我们好奇计算机是否能够做某件事情时，我们首先要做的就是去看看我们是否有可能把这件事变成一个逻辑数值计算与处理类问题，然后再去寻找一个可以解决这个问题的算法。

当然，并不是把一个实际问题转化为逻辑计算类问题，就必定能够找到一个有效的算法去解决它。这个寻找有效解决问题的"算法"的过程，是没有一个绝对可行的一般性方法论可以依靠的。它至今依然是严重依赖人类的经验及创造性的工匠类工作，而且在可以预见的未来依然会如此。让人工智能"满血复活"的深度学习算法便是仰仗于辛顿等少数几个人的顽强坚持和不懈探索才得以开花结果的。

一般意义上的计算机自动编程,也就是计算机完全不依赖人类对于有待解决的问题的知识或经验,自己寻找并实现解决问题的有效算法,还是一个遥远的梦想。

但是这并不意味着计算机在寻找和设计解决问题的算法的工作中就无所作为。"机器学习"在本质上就是人类利用计算机算法来寻找解决问题所需算法的技术,在"暴力计算"的加持下,它正不断地在更多领域出人预料地大显身手。

3.2 "机器学习":借助"学习算法"确定解决问题的算法

不少人都相信,人工智能就是机器学习,机器学习便是人工智能。这是因为学习能力被认为是"智能"的核心,这是业界的一个基本共识,虽然对于什么是"学习"也还没有一个明确严格的定义。所以,如果我们能够搞清楚"机器学习"的本质,也就能大体看清楚现阶段"人工智能"技术的本来面目了。

下面我们就从算法的角度来看一下"机器学习"这种听上去高深莫测的"外意识"活动在本质上是怎样的一个过程。

既然"机器学习"也是由计算机实现的"外意识",所以它必然也被图3-1和图3-3所概括的信息技术应用的基本模式所涵盖。因为"机器学习"是一个帮助确定解决问题算法的过程,与图3-1所示的这一步关系不大,所以我们从图3-3来开始分析。

对一个逻辑数值计算与处理类问题,如果我们能够找到一个确定有效的算法,显然就不需要什么"机器学习"来帮忙,直接按照算法编个程序问题就解决了;反过来,如果针对一个逻辑数值计算与处理类问题,我们完全摸不到头脑,不知道从哪个方向来寻找解决它的算法,那也不关"机器学习"什么事。这两种极端情况之间的广阔地带,就是"机器学习"可能有所作为的巨大舞台。

"机器学习"有用武之地的场合,是针对某些逻辑数值计算与处理类问题,我们没有一个完整确定的算法能够解决它;但是我们可以从一些基本原理出发,根据已有的经验或者凭借猜测估计,知道某个"类型"的算法可以解决它或至少有可能解决它。不过我们需要想办法确定这些算法中的一些"细节",即算法中的一些"参数",才能把算法完全确定下来,然后用它去尝试解决这些问题。

比如,在战争中我们想确定敌方一门火炮的具体位置。为了便于讨论而又不失去机器学习方法的特质,我们忽略了空气阻力等因素。在这种情况下,炮弹的轨迹按照牛顿定律是一条抛物线,可以用一个二次函数$y=ax^2+bx+c$来描述。如果知道了这个二次函数,我们就能用求解二次方程的算法来确定火炮的位置。但是我们事先是不知道这个描述炮弹轨迹的二次函数的三个系数的,而这三个系数不确定,求解方程的算法也就无法完全确定,计算机就无法解决这个问题。这三个系数就是我们用来解决问题的算法(二次方程求解算法)中有待确定的"细节"。如果我们有办法确定这三个系数,那么解决问题的算法就确定了,问题便可以迎刃而解。

所以,在这个例子中,确定火炮位置的问题,是一个数学中二次方程求解类型的问题,可以用二次方程数值求解算法来解决。但是我们需要知道描述炮弹轨迹的二次函数的三个系数,才能最后确定算法。确定这三个系数,就是机器学习可以帮助我们做的事情。

所谓"机器学习",就是利用一个"学习"算法帮助我们确定可以或者可能解决问题的算法中的"细节",通常就是算法中所需要的某些"参数"。

因此,"机器学习"是在辅助人类解决问题,而不是在独立自主地去解决那些我们人类对于从何入手去解决它都毫无头绪的问题。

那么"机器学习"是如何确定我们需要的算法中的"细节"或"参数"的呢?

我们利用一个所谓的"学习"算法,对所谓的"学习样本数据",即那些可以从中获取我们需要的"细节"或称"参数"的数据/信息进行处理,用统计方法估算出我们解决问题的算法所需要的

"细节"或"参数",由此我们就可以确定能解决原先问题的那个算法了。如果一切顺利,问题便可以被有效地解决。

如果问题没能被满意地解决,那么可能是"学习"算法没能估算出合适的"参数":或许是学习算法本身有问题,或许是它利用的"学习样本数据"有问题。当然也可能是被选择用于解决问题的算法并非像我们事先估计的那样有效。这两者皆有可能,但问题到底出在哪里?这是对人类在"外意识"领域中的现代工匠技艺的考验。

将上述机器学习过程直观呈现出来,就如图3-4所示。

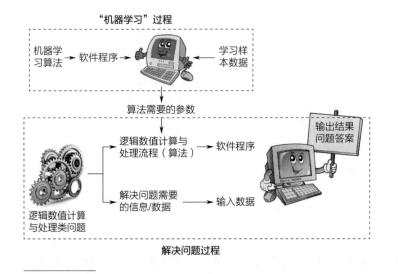

图3-4 "机器学习"方法的基本模式

从图3-4中我们可以看出，用"机器学习"的方法来解决问题的时候，相比于图3-3多了一个"机器学习"（训练）的过程，即获取解决问题的算法所需要的参数的过程。

如果单独地看这个机器学习的过程，本质上它也是图3-3所示的一个计算机用算法来解决问题的过程，即也是用逻辑数值计算与处理算法（所谓的"学习"算法），通过对解决问题所需的信息/数据（所谓的"学习样本数据"）进行处理，来解决问题（估算出另外一个算法所需要的参数）的过程。

由于只要不导致算法不收敛等问题，多种"算法"就可以组合嵌套成一个更复杂的算法，所以图3-4中的学习算法实际上是可以合并嵌入到图中解决问题的算法当中的，它所需要的学习样本数据也可以当作"解决问题需要的信息/数据"的一部分。这样合并之后，图3-4就被抽象简化成了图3-3，或者说图3-4其实是图3-3代表的所有计算机应用中的某一类具体情况的展开表示，即"机器学习"是众多信息技术应用中的一个子类型。

所以，用"机器学习"的方法去解决问题，在本质上依然落入图3-3所示的计算机解决问题的基本模式之中，而不是一个独立于信息技术应用的全新模式。因此，它依然要依靠人来设计"算法"去解决问题，这个过程也依然是"外意识"发挥作用的过程。

在这个过程中，人或者说人的"内意识"对于需要解决问题的深刻理解，依然是这一切的源头和起点。

我们用前面讲过的确定火炮位置的问题为例，来看一下一个机器学习的具体过程。

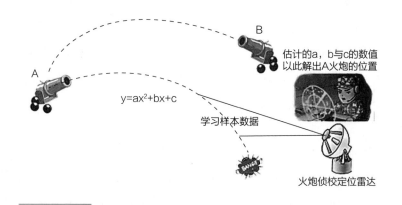

图3-5 火炮定位的"机器学习"

在战斗中，我们希望根据A火炮发射的炮弹的轨迹来确定其位置，进而将其消灭掉。在不考虑空气阻力、风向等因素的情况下，我们知道它发射的炮弹的轨迹是由一个二次函数来描绘的曲线。但是我们没有办法事先就知道这个函数中的三个系数，所以我们通过"火炮侦校定位雷达"，对它发射的炮弹轨迹进行数据采样，去获得所谓的"学习样本数据"。

基于这些数据，我们就可以利用一个估算参数的统计算法，估算出描述炮弹轨迹的二次函数中的三个系数。这应该属于中学的知识。这样就完成了图 3-4 中的"'机器学习'过程"。然后基于这个已经确定了的二次函数，我们利用求解二次方程的算法，就能够确定 A 火炮的位置。这就是图 3-4 中的"解决问题过程"。B 火炮便可以依据这个位置信息摧毁 A 火炮。

虽然实际情况要更复杂一些，考虑大气阻力等因素后炮弹轨迹要用更高阶的函数来描述，而且战斗发生在三维空间，因此会有更多的参数需要确定，但是基本原理是一样的。

这个例子虽然看上去很简单，有中学的知识就完全可以理解，但是它确实就是机器学习方法中的一种。这种机器学习方法就是所谓的"回归分析"方法中的多项式回归分析。（参考自《机器学习》，赵卫红、董亮编著，人民邮电出版社，2018 年 8 月第 1 版）

而这些年流行的"深度学习"类的算法，不是通过函数的解析表达式来定义的，而是利用大量仅仅完成比较简单的计算的"神经元"的网络化连接，即所谓的"人工神经网络"来描述。在这种算法中，有成百上千万，甚至高达上千亿个参数需要用机器学习的方法来确定，然后再用这个网络去解决实际的问题。所谓"深度学习"中的"深度"，指的就是这些参数数量的巨大，并非我们通常意义上所说的学习本身所能达到的"深度"。事实上，拥有上千亿参数的 ChatGPT 有时表现得非常"肤浅"，大量公开测试报告表明它会犯相当低级的错误。

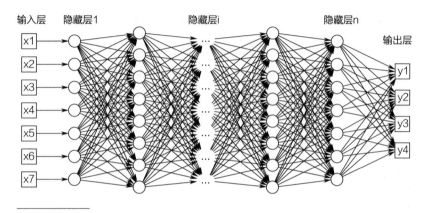

图3-6 用"人工神经网络"来描述的复杂的深度学习算法

如果图3-4的机器学习过程与解决问题过程彼此相对独立,我们称这种情况下的机器学习为"离线"的机器学习。这里的"线"指的就是图3-4中的解决问题过程。

如果机器学习采用的学习样本数据依赖于解决问题过程的输出结果,这样的机器学习我们称之为"在线"的机器学习。这是一个持续反馈、优化完善的过程。

这样的持续反馈、优化完善的过程,可以用图3-7来表示。

我们不难看出,图3-7也可以看作图3-4的一种特殊情况,即"学习样本数据"不是独立的,而是依赖"解决问题过程"的输出。由于算法可以组合嵌套,不论对图3-7做何种解读,它也都可以归入图3-3所示的计算机解决问题的基本模式之中。

3 "外意识"的算法本质

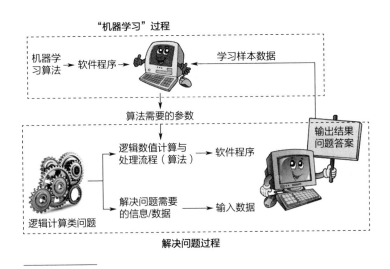

图3-7 "机器学习"之"在线机器学习"

离线学习与在线学习不是非此即彼的,它们可以混合在一起。这可能是未来人工智能的一个主要模式,也更接近人类的学习。

通过上面的分析我们能够看出,如果把"机器学习"方法与"常规"的方法相比较,它们的差别就在于常规方法中解决问题的算法是事先就确定的,而在"机器学习"方法中,解决问题的算法有未知的内容,需要另外用某种"机器学习"算法来估算出这些未知的内容(通常表现为"参数"),然后才能形成完整的解决问题的算法去解决问题。

但是这个差异却并不能否定它们在本质上具有共性,即归根结底,机器学习方法也罢,常规方法也罢,都是借助计算机可以实现的逻辑数值计算与处理操作，去解决逻辑数值计算与处理类问题的过程，都离不开人对问题的理解以及在此基础上设计出来的算法。所以，图3-1与图3-3是对计算机问题解决模式的基本概括，而图3-4与图3-7是这种概括在具体情况下的展开表示。

由于以深度学习为代表的人工智能算法采用了网络化的表达方式，所以出现了一种认为"深度学习"中的计算不同于"图灵机"的计算的说法（见《这就是ChatGPT》，[美]斯蒂芬·沃尔弗拉姆著，人民邮电出版社2023年7月第1版）。图灵机是对基本逻辑数值计算与处理的最"紧凑"的操作逻辑模型之一，所谓图灵机的计算（"图灵计算"）就是指这些底层的基本操作过程，而算法是对图灵计算即基本逻辑数值计算与处理操作的组合编排。说一个算法的计算过程，或其计算过程的一部分与算法所依赖的底层图灵计算过程不同，就好像说一张木桌与木材不同一样。这种说法既是显而易见的废话，又没有任何意义。因为两者是不同层面的存在，没有可比性，也没有对比的必要性。

如果非要表达深度学习与图灵计算之间的关系，应该说深度学习是建立在图灵计算之上的一种算法。由此也能看出，对"外意识"的算法本质的认识，还是有很大的模糊性或歧义性的。

如果仅仅停留在"'外意识'都是算法"这样一个高度概括的结论，显然远不足以揭示"外意识"丰富多彩的特征，及其产生的颠覆性影响。下面我们将从不同的侧面对"外意识"的算法本质做进一步的剖析。

3.3 "外意识"算法的几个特性

3.3.1 基于数学的"现代工匠技艺"

我们在上一章曾经指出:"人类是否或何时能够进入掌握意识活动规律的自由王国尚未可知。在物质科技充分发达的当代,意识性技术与工具的工匠技艺反而成了人类文明发展的主要驱力之一,不能不说是现代文明的奇观异景。"

下面我们就以具有比较复杂的意识特征的机器学习为例,剖析一下"外意识"的工匠特质。

机器学习方法相当庞杂,并不像数学或物理学那样建立在几个基本公理/原理之上。不同方法有不同的来源、不同的长短。对于一个实际问题,把它变成哪种类型的逻辑计算问题、用哪种机器学习的方法能够有效地解决,是没有一定之规的,这与传统的科学方法有很大的不同。

这个过程,既依赖对不同机器学习方法的理解和已有的相关经验,还需要大量的反复尝试。所以这是一种"工匠"类型的工作。下面我们来看一下机器学习中著名的深度学习算法的情况。

在《深度学习》（［美］伊恩·古德费洛等著，人民邮电出版社，2017年）这本被认为是"深度学习"领域权威的教材中，作者为了阐述深度学习的这种实验性工匠特征，专门在第二部分设置了第11章来讨论这个问题，标题就是"实践方法论"。

在这一章的开头，作者写了这样一段话："要成功地使用深度学习技术，仅仅知道存在哪些算法和解释它们为何有效的原理是不够的。一个优秀的机器学习实践者还需要知道如何针对具体应用挑选一个合适的算法以及如何监控，并根据实验反馈改进机器学习系统。在机器学习系统的日常开发中，实践者需要决定是否收集更多的数据、增加或减少模型容量、添加或删除正则化项、改进模型的优化、改进模型的近似推断或调整模型的软件实现。尝试这些操作都需要大量时间，因此确定正确的做法而不盲目猜测尤为重要。"

无须赘言，这段话已经比较清晰完整地揭示了深度学习这项具体技术的"工匠"特征。

纽约大学教授加里·马尔科斯（Gary Marcus，认知心理学家）在2018年1月2日发表了一篇文章"Deep learning: a critical appraisal"，引起了很大的争议。文中提出了深度学习的十大局限，其中第十个局限"Deep learning thus far is difficult to engineer with"所指的也是这个问题——"深度学习"还只是一个就事论事的方法，无法作为标准普适的工程指南，被用于解决不同的问题。换句话说，以深度学习为代表的机器学习方法是一种工匠技艺，而不是

3 "外意识"的算法本质

其他领域中现代工程师使用的、有坚实现代科技基础的工程化普适方法。

其实这个问题并不为机器学习所独有,而是作为人类"外意识"的计算机应用的基本特征。其根源我们在前面一章已经做过深入的讨论,即人类至今还没有一个关于人类意识活动的坚实的科学理论,所以我们只能依赖工匠技艺来发展人类的"外意识"。

但是我们在这里说的工匠技艺与传统的工匠技艺还是有所不同的。

所谓工匠技艺,是指没有对一般性规律的认识,而是基于具体经验的实用技巧。所以工匠技艺的传承只能是口传心授,没有办法大规模标准化地普及性教学。

传统的工匠技艺主要是指基于具体经验的手工技巧,能工巧匠之"巧"基本体现为心灵手巧。"外意识"这种"现代工匠技艺"依然是基于具体经验的技巧,但它并不体现在指尖之上,而是表现为基于经验的数学公式与方法的积累与运用,其中有些数学公式与方法来源于数学理论,有些则来源于实践。这种工匠技艺由此具有了"现代"特色。这是在传统的工匠们身上不曾有过的现象。

因为数学是现代科学的基础,所以人们常有一种思维定式:看到数学公式,便以为遇到了"科学";或者说,以为运用了数学的工作，便自然具有了"科学"的属性。其实这是一种误解。

"科学工作"几乎必定要运用数学。但是反过来，运用了数学，并不会自然而然地成为"科学工作"，虽然它可以让相关的表述显得高深莫测，让旁人望而生畏。

数学只是一种工具，它自身并不具有科学的属性。现在许多人给数学加上了"科学"的光环，这是一种混淆视听的操作。现代工匠是掌握了数学方法的手艺人，他们在没有关于意识活动的科学理论指导的情况下，利用数学工具在实践摸索中创造各种形态的"外意识"。

基于经验的数学公式与方法其实并非信息技术所独有。在信息技术之外的许多技术领域，早已存在许多"经验数学公式"。这些公式不是从科学原理出发推导出来的，而是根据具体的经验总结而成，适用于特定的场合，不具有广泛的普适性。它们都仅仅属于技术而非科学的翻出，也就是属于我们在这里说的"现代工匠技艺"。

由于是经验总结而成，所以"现代工匠技艺"创造出来的"外意识"算法使用的数学公式与方法的复杂性，并不能简单地等价为其反映事物本质规律的准确性与有效性。在这里，复杂不能简单地等同于高精尖。这是一个在"外意识"领域中颇具迷惑性的问题，我们将在下一节对此进行剖析。

"外意识"这个现代工匠技艺与传统工匠技艺还有一个极大的不同，它借助了具有"暴力计算"能力的、可以大规模复制的信息技术，并且随着各种软件算法的开源降低了参与和使用的门槛，在应用普及方面摆脱了传统工匠技艺口传心授的局限。因而它对社会的影响力远非传统工匠技艺可比。这也是本意在于取代工匠技艺的现代科学与技术创造出来的一个意外的奇迹。

有趣的是，这种既是大国竞争的制高点，又具有广泛的大众参与度的现代工匠形态给该领域带来了热闹非凡的景象，让习惯了传统科技氛围的"权威人士"大跌眼镜。

ChatGPT在2023年火遍全球后，许多人声称它开启了通用人工智能（Artificial General Intelligence，AGI）的大门。深度学习"三巨头"、2018年图灵奖获得者之一杨立坤对此不以为然，认为它终究只是一个语言模型，无法胜任许多其他类型的人工智能任务。结果，他被众多不同背景的人工智能的参与者或热爱者热情地"指导"了一番。

2024年2月19日他在推特上怀着复杂的心情感慨道："我绝没有料到会出现这样一个奇妙的欢乐场面：这么多从未对AI或机器学习有任何贡献的人，其中一些人有严重的自我认知偏差，来告诉我在AI与机器学习方面我完全错了，说我愚蠢、盲目、无知、走错了方向、嫉妒、存有偏见、已经过时……"

> **Yann LeCun** @ylecun
>
> I never anticipated how wonderfully entertaining it would be to see so many people who have never contributed a single thing to AI or ML, some of them very far gone on the Dunning-Kruger scale, tell me all the ways I'm wrong, stupid, blind, ignorant, misguided, jealous, biased, out of touch, etc about AI and ML.
>
> 12:51 AM · Feb 19, 2024 · 773.6K Views
>
> 💬 429   🔁 393   ❤ 4.1K   🔖 433

图3-8　杨立坤被网民热情"指导"后的感慨

这种情况在标准的科学领域，比如物理学中几乎不可能出现。有一顶帽子是专门为那些自以为是的门外汉们准备的："民科"（民间科学家）。"民科"人士只能在自己的小天地里自娱自乐而没有机会对专业人员或专业研究工作说三道四。但不幸的是，人工智能还处于前科学状态，是一门工匠技艺。从科学规范的角度来说，大家彼此彼此——都是门外汉，因为作为科学而言它的大门在哪里还没有人知道。众人在它的围墙外耍弄着自己的手艺。手艺有高低之分，道具有精简之别，但却都是街头卖艺的，都还没登科学的大雅之堂。

杨立坤的遭遇从一个侧面反映了包括人工智能在内的"外意识"作为一门现代工匠技艺，给新一代数量庞大的现代工匠们提供了一个超级乐园。

3.3.2 算法的复杂≠高精尖

在传统的物质性技术与工具领域，人类的创造受制于物质世界的基本规律，其应用同样要经受物质世界基本规律的考验。

为了在复杂苛刻的物质条件下达到人类预期的目的，或者为了最充分地利用物质世界的基本规律来实现人类期望的目标，物质性工具的复杂度一直在持续提升。工具本身的复杂程度，通常最直观地反映了设计者对于物质世界的基本规律的认识与运用所达到的高度。

美国发展的航天飞机能够在地面与太空之间安全往返穿梭，并且在轨期间可以支持宇航员完成航天载荷的发射、回收、维修等多种复杂任务。它可以说是人类航天领域迄今为止复杂度最高的运载工具，也是美国迄今为止在航天运载领域的巅峰之作。当年欧洲与日本也都计划发展类似的运载工具，但是碍于技术能力的限制，都只能以一个缩小的简化版为目标。只有当时的苏联有能力发展出一个与美国航天飞机同级别的系统。我国在载人航天规划阶段，也提出了多个航天飞机方案，最终因为技术挑战太大而选择了难度低得多的载人飞船作为起步方案。

在大多数领域，系统的复杂性往往与精密度相连。集成电路制造中的核心设备之一光刻机，为了能够趋近量子力学允许的极限工艺，其最新的产品采用了"极紫外线"（EUV）技术。一台极紫外

图3-9　各国的航天飞机

光刻机的零部件超过了45万个。它的镜头就是由几十块镜片组合而成。即使把一块镜片的面积放大到德国国土面积大小,镜头表面的高低误差也只有0.1毫米。仅从此一项我们就能看出这台设备精密复杂到了一个什么样的极端程度。以至于到2024年为止,荷兰的阿斯麦公司依然是全球唯一一家有能力设计制造极紫外光刻机的厂商。

物质性工具的复杂性毫无疑问地体现了技术水平的高度。你没有那样的技术能力,就不可能合理地设计出来那样复杂的系统,更不用说造出那样复杂的可以使用的工具了。这种技术能力体现了对物质世界基本规律的深刻理解与精妙运用,是人类高超智力水平的充分表现。

3 "外意识"的算法本质

物质性技术与工具发展的漫长历程,将复杂性与技术水平之间的这种必然的关联深深地印在了我们的意识之中,"复杂"几乎可以与"高精尖"画等号。

但是,当我们进入到意识性技术与工具领域后,这种关联却并不必然是正确的。

随着"暴力计算"的到来,我们进入到了一个处理能力与存储容量等基础计算资源几乎无限供应的时代,软件算法的设计几乎仅剩下两个必须满足的约束条件:预定实现的目标与计算机编程的逻辑要求。

这时软件算法的设计几乎就是随心所欲的自由创造:它不像航天飞机在设计时必须考虑材料是否能够承受高温的烧灼和高压的冲击,不像世界最高建筑迪拜哈利法塔在设计时必须考虑整体结构强度与抗风共振,不像顶级集成电路制造工艺需处心积虑地回避量子效应,更不存在算法运行"磨损"而导致其使用寿命有限的问题。

约束条件越多,解决问题的有效途径就越少,复杂往往是不得已的选择;反之,约束条件越少,则意味着有着巨大的自由发挥的空间,繁简由人。

当我们进入到"外意识"领域后,在物质领域里存在的那些必须面对的众多的约束条件随风而去,由此带来了一个在传统物质性技术与工具领域几乎不存在的问题：因为约束条件极少，所以可能存在的可行算法有近乎无穷多，有的简单，有的复杂，甚至可以超级复杂。复杂性不再简单地与"高精尖"等价，而可能是来自故弄玄虚，来自无效沉积，来自有意欺骗，来自随意懒惰，甚至可能恰恰是由于能力低下。

事实上，一个合理的评价算法"技术"水平高低的标准应该是：达到同样的目的，尽可能地简单。而不是直接把复杂性与技术水平高低做正向关联。

在"外意识"领域，我们时刻要警惕在物质性技术与工具领域潜移默化形成的习以为常或理所当然，时刻要清楚物质与意识是两个非常不同的领域，有着很不一样的特色。我们不必仅仅因为一个"外意识"的算法很复杂就盲目地为它叫好。

3.3.3　从清晰确定走向模糊含混

计算机诞生之初是用来解决科学与工程中的计算问题。这些计算都遵循严格的数学规则，其给出的计算结果具有符合计算逻辑的明确意义，对就是对，错就是错，1+1只能等于2。

后来计算机逐步进入到了以在线交易为代表的流程化应用领域，软件算法依然要遵循各种严格的业务操作流程逻辑，其给出的结果也同样具有明确的流程约定的意义，不能模棱两可，不能是"可能对也可能不对"。如果出现这样的情况，计算机应用就失效了。比如说我们利用银行系统转账，钱款必须以指定的数额、遵循银行规定的流程转到指定的账户，而决不允许存在出现数额或账户差错的任何可能。

上述应用都属于要遵循确定的逻辑过程、有清晰结果的意识过程。所以"外意识"必须给出符合预设逻辑的明确结果，否则就失去了其存在的价值。如果我们仔细审视就不难发现，"外意识"解决的这类问题都是具有严格约束的限定性问题，并且遵循确定的逻辑。在限定的条件下，问题都有确定的"解"。所以"外意识"给出的结果都是高度可信，并且是确定性的。

其实人类创造的工具，一直都在追求这种高度的确定性与可信赖性。也正是因为工具所具有的这种高度可信的确定性，所以在许多场合工具取代了行为有很大不确定性的人，与人形成了有效的互补。直到"人工智能"类应用的出现，情况才发生了某种意义上的重大变化，"外意识"处理的问题本身的性质变了。

以"人工智能"为代表，计算机"外意识"从有据可循的确定性问题领域大举进入到了缺少科学依据指导的、模糊的、充满不确定性的问题领域。

所谓不确定性问题，是指这些问题本身不存在严格清晰的逻辑规则，也没有绝对确定的答案。所以这些问题的解决强烈依赖工匠技艺或试探性的方法，特别是统计方法。而不论用什么样的方法，"外意识"给出的结果都带有模糊性与不确定性。最简单的例子就是图像识别，它与银行转账绝对不能出差错不一样，它的识别是概率性的，做不到像银行系统那样值得信赖，即使人亲自去做也是一样。

随着"外意识"应用领域的不断扩大，这种现象会越来越普遍，也越来越明显。这个时候"外意识"不再像过去做科学计算那样是可以绝对信赖的手段，而是在很多情况下变成了一种"大概差不多"的帮手。这其实原本就是意识活动的一个重要的基本特征，并非是"外意识"才独有的问题。

要想减少这种不确定性、提高"外意识"的可信度，除了探寻基本规律、改进算法之外，更重要的是尽可能地去约束需要解决的问题。这样可以降低问题本身带来的不确定性和复杂度，从而让"外意识"更容易给出相对确定清晰的解决方案。

以汽车的自动驾驶为例。如果我们对自动驾驶汽车行驶的环境进行改造，比如禁止行人进入、交通指示一律电子化，不再依靠红绿灯和图形标识、禁止人工驾驶的车辆驶入等，那么自动驾驶汽车可能就可以相当可靠地安全运行。反之，让自动驾驶汽车在现在这样非常开放的环境下运行，其算法即使再经过多年的完善，也未必能达到其在人工限制的环境中行驶的安全性与可靠性。

2023年，生成式大语言模型在全球被热捧，许多人声称它是向通用人工智能跨出的重要一步，已经可以解决随机开放性问题，而不是只能解决诸如图像识别那样的分类问题。但事实上，大语言模型在随机开放性的问题上的表现并不稳定，更重要的是这种不稳定性是难以预测的——我们不清楚它在什么问题上会犯什么样的错误。

无边界的随机开放性问题的解决，更像是学术研究和技术探索的方向。在意识活动领域，一个具有难以预测的不稳定性的工具还可以作为参考使用。但如果这种情况发生在物质性工具领域，恐怕就很难被接受了。

我们不妨看一下真正的"通用智能"——人类大脑的表现。人类的大脑确实极其强大，创造了人类所有的知识，用万能来讲不算太夸张。但是如果我们去看一个具体的大脑就不难发现，它能够非常可靠地解决问题的领域是很有限的。一个人通常也只有在自己擅长的个别领域才能比较可靠地解决问题，而且也无法解决领域内所有的问题。这表明人类的大脑也并不能有效地应对任意的随机开放性问题。人类自己驾驶的汽车每年会因意外情况造成大量的车祸就是一个例证。

当然大脑"内意识"做不好的事情，不代表"外意识"也做不好。但是既然二者都属于"意识"，就必然有共同的特性。大脑需要专注及长期的训练，才能有优秀的表现，这可能是"意识"的一个基本特征。如果是这样的话，"外意识"是否也应该以专注为自己的本分，用最适合的方法去解决具体问题，而不是盲目地去追求所谓的通用智能？在我们没有对智能的底层机制有一个清晰的认识的情况下，谈论通用智能，试图用一种方法解决所有问题恐怕为时尚早。

当然不断让"外意识"去解决更加随机开放的问题，是一件值得期待的事情，也是值得不断努力去探索的工作。只是我们应该客观地认识与理解不同类型的"外意识"，也就是算法在各种情况下的表现，能够合理地选择适当类型的"外意识"（算法），把问题解决到我们期望的程度或样子，而不是一厢情愿地把自己的想象或期望强加于"外意识"，把不同类型的"外意识"都当成十足可以信赖的工具。

3.3.4　机器学习对人的依赖与超越

在业界不断有消息声称某人工智能应用已经实现了"问题无关性"，即"外意识"算法不需要借助人类对问题的理解即可自己学习解决问题。这显然是有意夸大其词，或者是算法的设计者自己无视了他在设计算法时带入的对问题的理解及相关的知识。

DeepMind公司在2017年推出第二代智能围棋程序AlphaGo Zero时，引起了巨大的反响。因为他们的研究人员在《自然》杂志上发表了一篇耸人听闻的论文（"Mastering the game of Go without human knowledge"，见 *Nature*，2017年第550期，第354–359页），声称在AlphaGo Zero中没有预置人类关于围棋的先验知识，它是靠自己在与人类棋手的对弈中学会下围棋的。他们声称AlphaGo Zero说明"一种纯强化学习方法是可行的,即使在最具挑战性的领域,它也能通过训练达到超过人类的水平,并且无须人类的案例和指导。除了基本规则外,没有任何的领域基础知识"。他们用的说法是"starting tabula rasa",即"从一块白板开始"。

但是针对这个说法,加里·马尔科斯指出:"我认为这种说法有点夸大其词。……他们系统中的很多方面延续了之前在围棋程序上积累的研究,比如构建游戏程序中常用的蒙特卡洛树搜索。这种技术可以用来评估动作和对策,在树状结构上快速得到测试结果。问题来了,蒙特卡洛树这种结构不是通过强化学习从数据中学习的。相反,它在DeepMind的程序中是与生俱来的,根深蒂固地存在于每个迭代的AlphaStar之中(注:马尔科斯用AlphaStar指DeepMind开发的AlphaGo系列围棋程序)。……可以发现DeepMind给出的卷积结构很精确,有很多下围棋的精确参数在里面,这不是通过纯粹的强化学习学到的。……并且,(人为预制的那些)固有算法和知识的整合的取样机制不在AlphaGo Zero的下棋学习实验中,因为那样做可能会导致模型效果变差。这也是人为的选择而不是系统自己学会的。……与其说AlphaGo Zero从零开始学习,不如说它从构建之初就站在了巨人的肩膀上。"(见马尔科斯发表于 *arXiv.org* 的文章"Innateness, AlphaGo Zero, and artificial intelligence",2018年1月17日)

简而言之,AlphaGo Zero整个程序算法的设计就是基于设计者对于围棋的深刻理解，何来"没有任何的领域基础知识"一说？现在的大语言模型，更是包含了大量学者们长期对语言结构及各种算法研究的经验与知识，再经过反复调试才投入应用的。

综合前面的分析，我们可以把基于算法的机器学习与人的学习的差异总结如下。

表3-1　机器学习与人的学习的对比

	人的学习	机器学习
学习的起点	可以从零开始	以人的经验与知识为基础
学习的过程	高度灵活，黑箱操作	按照人工设计的算法做运算
学习的对象	万事万物	有针对性的人工选择
学习的结果	可以有普适性及高度抽象概括	局限于解决具体问题

在人类提炼出意识活动（或称智能）的科学原理之前，设计出一个与问题无关的万能算法，让机器自己独立从零开始学习解决不同的问题的可能性几乎不存在。计算机"修炼成精"还是遥远的梦想。（摘自"人工智能'修炼成精'还是遥遥无期的梦想"，作者谢耘，发表于微信公众号"慧影Cydow"，2019年5月9日）

但是这并不意味着在某些具体问题的解决上，机器学习不会比人强。其实，自计算机诞生伊始，它在逻辑计算方面的能力就远非人类可比。数学中著名的四色定理，在作为猜想被提出124年后，是利用计算机在1976年才完成证明的。借助计算机不断增强的精确且永不疲倦的"暴力计算"能力，机器学习方法在解决某些具体的问题方面正在不断超越人类。而这"某些"的范围还在不断地扩大。

人与工具之间的这种辩证的互补关系，常常被形而上学地解释成为机械的对立、互斥、替代关系，以至于从工业革命开始后，就不断出现各种版本的机器将取代人的耸人听闻的"预测"。

人类对物质性技术工具的恐惧已经渐渐地淡漠，但是对于"外意识"这种意识性技术与工具却爱恨交织，既得益于它的帮助，又时常担心被它取代。基于统计方法"生成知识"的生成式大语言模型的出现，在2023年引发了社会性的强烈反应，其中充满了各种夸张的说辞与想象。

那么，统计方法这根人工智能领域的顶梁柱到底是一种什么性质的方法、具有什么样的特点？

3.4 "肤浅"的统计与深刻的洞察

要清晰完整地理解一个事物，不仅要知道它"是什么"，还要知道它"不是什么"，否则就可能在不自觉中夸大它真实的价值。任何事物都在与其他事物的联系中"定义"着自己是什么与不是什么，所以要在对比中才能最终形成清晰完整的理解。

那么人工智能中大量运用的统计方法是什么？它是通过对数据做逻辑数值计算与处理，来获取这些数据所包含的相关对象的信息。

从这个描述中，我们可以看出正反两个问题。首先，统计方法获取的信息，一定是通过对相关数据做逻辑数值计算与处理的结果来揭示的，这些信息必然以某种形式比较充分地包含在了所处理的数据中。其次，如果我们需要的某些信息没有被所处理的数据携带或携带得不够充分，这时统计方法便无能为力。比如，人脸照片是不包含人的学历或人品信息的，除非脸部有特殊的标识。所以无论我们设计什么样的统计方法，都无法根据人脸照片对人的学历或人品做出判定。

"暴力计算"的价值，就在于可以用统计方法把天量数据所携带相关对象的信息，根据人类的需要更加彻底地"压榨"出来。统计方法因"暴力计算"而走向了自己的巅峰，也引发了人们极大的期待。

那么是否存在不能够用统计方法发现的相关对象的特征与性质信息？答案显然是肯定的。这些特征与性质信息的发现需要统计之外的其他方法或能力。从它们的对比之中，我们或许可以更清楚全面地理解统计方法，进而明白它不能做什么。

人类首先发展起来的科学就是力学。在力学孕育的时代，以伽利略为代表的科学先驱们对物质的运动做了大量的观察测量。其中第谷·布拉赫（Tycho Brahe，1546年12月14日—1601年10月24日，丹麦天文学家）受丹麦国王弗雷德里克二世的邀请在哥本哈根附近的汶岛建造了天堡观象台，开始了他持续20多年的对天体运动的详细观测。其观测数据之丰富、精度之高，远非同时代的其他人可比。

第谷的测量数据在科学上真正发挥重要的作用，少不了开普勒（Johannes Kepler，1572年1月6日—1630年11月15日，德国天文学家、数学家与物理学家）做出的巨大贡献。

开普勒在1600年慕名将自己在天文学领域的研究成果写信寄给第谷。第谷便邀请其做自己的助手。两人一起工作10个月后，第谷意外去世。开普勒因而获得了第谷的所有天文观测数据。他对其中大量的行星观测数据做了深入的统计计算分析，在1602年发现了行星运行的第二定律，在1605年发现了第一定律。这两个定律发表在1609年出版的《新天文学》一书中。然后又经过多年的努力，在1618年他发现了行星运行的第三定律并随后发表在1619年出版的《宇宙的和谐》一书中。从数据中分析总结这三个定律，他前后总共花了近18年的时间。所以，做统计分析并不是一件轻松的事情，特别是在你不清楚自己的具体目标的时候。

开普勒的行星运行三大定律被称为：椭圆轨道定律、面积定律和调和定律。这三大定律可以被分别描述为：所有行星都在大小不同的椭圆轨道上运行，太阳位于椭圆的一个焦点上；行星在同样的时间里与太阳的连线在轨道平面上所扫过的面积相等；行星公转周期的平方与轨道半长轴的立方成正比。开普勒因这三大定律获得了"天空立法者"的称号。

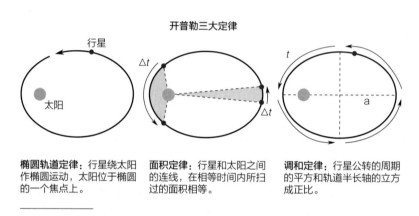

图3-10　开普勒行星运行三大定律

这三大定律是典型的数据统计分析的成就，利用统计分析，开普勒推翻了之前的认识（行星轨道是一个圆），并且发现了新的规律（第二与第三定律）。但是数据分析的深度到此为止，只能就这些数据所反映的行星运行状况做规范性的提炼描述。这些统计结果可以"泛化"推广到其他的类似于太阳系的、由一个质量远远超过其拥有的行星质量的巨大星体主宰的星系中，但是对于两个质量相差不大的双星系统，它就失效了，更不要说多个质量相差不大的多星系统以及靠近地面的自由落体等问题。这三大定律也没有办法告诉我们更深一层的规律：是什么原因让行星以这种方式运行，更没有办法告诉我们行星之外的物体运动规律。

这个例子直观地揭示了统计方法的作用与局限：它可以，也只能提取和利用统计样本数据本身所蕴含的相关对象信息。能够在多大程度上提取和利用这些信息，取决于所使用的具体的统计方法。现在的大语言模型大都使用Transformer，就是因为这个统计模型提取自然语言所含信息的能力相比之前的模型要更强大，并且在被逐步应用到更多的不同性质的统计任务之中，如图像处理等。

统计方法的核心包括统计模型以及从数据中提取统计模型参数的算法、即图3-4中的"学习算法"。统计模型是解决具体问题的"框架"，不涉及问题背后的一般性原理，也不是由基本原理推演出来的可以直接应用的具体方法。统计模型只有获得了学习算法通过统计处理而为它从大量样本数据中提取的参数后，才能变成一个具体的算法，进而可以解决相应的问题。

统计模型有多种来源。有的来自对数据所代表的问题的观察、分析与尝试，如开普勒使用的椭圆曲线模型、自然语言处理中使用的包括Transformer在内的各种模型等；有的来自适用于数据所代表的问题的基本科学原理，如图3-5中侦测火炮位置所采用的抛物线模型就来自力学原理；有的来自模仿类比的启发，如深度学习使用的是受大脑神经元连接结构启发的人工神经网络模型；还有的来自经验摸索等，花样繁多不一而足。

复杂的统计模型可以是由多种来源的要素或子模型综合而成。从数据中提取统计模型所需要的参数的"学习算法"也多种多样，包括有监督、无监督强化学习等各种类型，它们各自有不同的来源与特质。五花八门的"学习算法"也体现了人类在"外意识"领域的自由创造。

在统计方法中，有时特定的统计模型自己便决定了需要提取和利用数据中的哪些信息。比如，在火炮位置侦测的例子中，二次曲线这个模型就决定了只需要提取弹道采样数据中的弹道相关信息，而不用提取弹道数据包含的大气状态信息。有时人们会用相对通用的统计模型以及学习目标共同决定提取和利用数据中的哪些信息。比如利用深度学习模型对人脸照片做统计处理，我们可以将学习的目标设定为提取人物特征信息做身份认证，也可以设定为提取表情信息用于情感分析。在这两种情况下，统计过程从样本数据中提取的信息就不一样。

具体的学习算法则致力于尽可能有效地提取由任务目标决定的统计模型的参数信息，不同的学习算法的有效性会有差异。而数据则从根本上限定了统计方法可以获得什么信息，到底能"学"到什么内容。因为基于信息科学的基本原理，任何对数据（原始信息）的处理方法，只会减少数据所包含的信息，绝不会产生出数据原本不包含的信息。所以统计方法只可能将数据中的信息以显性的形态提取出来，不可能创造出数据中不存在的新信息。

从上面的分析不难看出，在统计方法中，统计模型决定了统计过程的主干框架。而在人工智能领域，有的模型本身的意义就不清晰，这带来了机器学习的"不可解释性"难题，我们稍后再做具体分析。

统计模型+参数便是用统计方法得到的结果，用于解决与它相匹配的问题。不同的统计方法，其提取和利用数据中蕴含的不同信息的能力不一样。选择哪一种统计方法去解决一个具体的问题，是一种如前所述的现代工匠技艺。

我们应该清楚，我们之所以采用数据统计方法来解决问题，是因为我们或者找不到解决问题的基本原理，如在人工智能领域；或者是基本原理无法直接应用，如火炮位置侦测的场景；又或者它本身就是一个统计问题，比如对人口做统计分析。而且统计模型不论如何复杂精妙，应用效果不论多么令我们满意，也不能把它与科学意义上的基本原理混为一谈。我们最多可以说，它在某种程度上反映了我们已经认识到或尚未认识到的基本原理在具体场景下的作用。就像我们不能说开普勒三定律包含了万有引力定律，我们只能说它们是万有引力定律等基本力学定律在行星运动这个场景下的具体体现。

对于统计方法而言，样本数据始终在根本上决定着统计结果能否发挥效用，以及统计结果适用的边界。

在解决具体问题时，主要与统计方法相对应的，是我们熟知的、体现现代科学力量的、基于基本原理的推理解析解决问题的方法。

这时我们不需要大量的学习样本。所以是否需要大量的学习样本，是统计方法与基于原理的推理解析方法的标志性差异。正是因为现代科学技术在很长的时间里，主要都是依赖基于原理的推理解析这种精巧可靠的方法去解决问题的，所以当"暴力计算"导致人工智能转向严重依赖对大规模数据进行统计的方法时，很多人对此心怀疑虑。

简而言之，统计方法是一种基于特定数据样本的就事论事的解决相关问题的手段。比如在火炮位置侦测的例子中，虽然抛物线模型来自物理学原理，但是基于它的统计结果却并不具有普遍性意义，仅仅能够用来解决特定弹道数据所能够反映的特定火炮位置的侦测问题。不论是从横向的广度（所谓的泛化）还是从纵向的深度（所谓的本质）上，统计方法都没有办法超出具体数据样本自身蕴含的信息的范围。

实际上所谓"泛化"的能力与对本质的反映是不可分割的。没有对本质的反映，超出统计样本蕴含的信息之外的"泛化"只是一种误打误撞的运气而已，而非一种必然结果。

由于现在人工智能模型的规模不断膨胀，统计学习使用的数据量也日益惊人，所以对于统计算法得到的结果的"泛化"能力的判断，也变得更加困难，因为我们很难清楚地了解统计学习的海量数据中到底包含了哪些信息和没有包含哪些信息。由此导致统计结果的"泛化"能力很容易被不求甚解或心怀某种目的的人士随意夸大。

2023年12月底,加利福尼亚大学圣克鲁斯分校的两位学者发表了一篇关于大语言模型泛化能力的研究论文"Task contamination: language models may not be few-shot anymore"(arXiv:2312.16337)。他们选择了包括GPT-3系列在内的12个大语言模型,针对16个分类任务与一个语义分析任务做了测试研究。研究发现:在使用统计学习数据收集日期之前发布的旧数据集时,大语言模型在零样本任务上的表现要明显更优(与使用之后发布的新数据集时相比)。其中一个原因是"任务污染",即在预训练中使用的学习数据包含与任务相关的训练示例,使大语言模型已经获得了一些与这个任务相关的信息/知识,而不是完全依靠"泛化"能力。他们还发现,对于不存在任务污染可能的那些分类任务,大语言模型在零样本和少样本任务中的表现,较之简单多数基线(评估分类任务的基准方法)很少有统计意义上的显著提高,即语言大模型在零样本和少样本任务中的"泛化"能力可能被高估了。这个研究的结论与前面基于对统计方法本质的分析得出的结论是相符的。

要想认识更深层的规律,从而获得更好的"泛化"能力,仅仅依靠统计方法的创新是做不到的,它需要不同于数据统计的方法与能力。由于统计方法借助"暴力计算"取得了大量我们曾经没有预料到的结果,它的功效现在被广泛而非理性地过度夸大了。科学如果仅仅停留在数据统计方法之上,就不会有后来的辉煌了。在科学原理发现这个领域里,牛顿为超越统计方法做出了里程碑式的贡献。

开普勒发表行星运行三大定律多年之后,据说牛顿因为被一个苹果砸中了脑袋而获得了启发，发现了万有引力定律。1687年，牛顿出版了他的重要著作《自然哲学的数学原理》，其中阐述了万有引力定律、三大运动定律及众多的推论。这四个定律具有开天辟地的意义，奠定了人类科学的基础。

就万有引力定律的发现而言，它固然离不开包括开普勒在内的众多前人的探索成果，一如牛顿所言，他是站在了巨人的肩膀上。但万有引力定律显然不是数据统计分析的直接产物，而是超越了样本数据所反映的具体现象的局限，具有更加一般性的意义。事实上，在《自然哲学的数学原理》中，牛顿依据万有引力定律及三大运动定律，推导出了开普勒行星运行三大定律等一系列的"定理"。而牛顿发明的微积分更是与数据统计无关。

图3-11　苹果砸出了牛顿的灵感

3 "外意识"的算法本质

牛顿在《自然哲学的数学原理》一书中提出了多种做科学探索发现的方法，其中与认识本质性的普遍规律直接相关的是两个：分析综合与归纳推理。但它们更多的是一种哲学意义上的原则性指导，而不是像数学统计方法那样的具体操作。一个人即使了解了分析综合与归纳推理的原则，掌握了具体的方法，也未必就能产生对事物本质的认识。自牛顿之后，知晓这些原则的大有人在，但是对科学发展做出实质性贡献的却屈指可数。

最典型的一个例子便是前面提到过的洛伦兹与爱因斯坦在狭义相对论上的不同贡献。

1905年爱因斯坦发表了著名的狭义相对论论文《论动体的电动力学》。狭义相对论的核心思想之一是两个惯性参考系在以特定速度相对运动时的坐标变换：

$$x' = \frac{x - vt}{\sqrt{1 - \frac{v^2}{c^2}}}$$
$$y' = y$$
$$z' = z$$
$$t' = \frac{t - \frac{v}{c^2}x}{\sqrt{1 - \frac{v^2}{c^2}}}$$

有趣的是这组变换不叫爱因斯坦变换，而是被称为"洛伦兹变换"。这是因为在爱因斯坦的论文发表前一年左右,荷兰物理学家洛伦兹就推导出了这个变换。但遗憾的是,他并没有理解这个变换的现实意义,虽然这组变换看上去相当简单,最复杂的数学运算也不过是小学生就学过的开平方。但形式上的简单,不代表其蕴含的真实意义易于理解。

因为洛伦兹只是推导出了它的数学形式,而爱因斯坦才真正理解了它的革命性意义,狭义相对论的发明权归了爱因斯坦,虽然这组变换依然被冠以洛伦兹的名字。杨振宁于2005年7月24日在第22届国际科学史大会上说:"洛伦兹有数学,但没有物理学。"(见"爱因斯坦的机遇与眼光",《科学文化评论》第2卷第4期)我们常常认为数学公式本身代表了一种深刻,其实相对于数学公式背后的真实意义而言,数学公式本身依然是表象。

开普勒定律与牛顿定律都是用简洁的数学语言表达的,但它们的普适性有巨大的差异,因而揭示的规律的深度有极大的不同。牛顿的伟大不仅仅在于他找到了描述万有引力定律的数学形式,更在于他领悟了该定律本身,它适用于宏观意义上的宇宙万物。所以真正重要的不是数学公式是否漂亮,而是数学公式到底表达了什么意义。

牛顿与爱因斯坦显然都有洞悉事物本质的能力,而这种能力不是掌握了分析综合或归纳演绎的原则就可以拥有的。只有具备了这种能力,才能利用分析综合与归纳演绎的手段,透过层层具体现象挖掘出事物背后一般性的普遍规律或称本质。迄今为止，我们没有办法用逻辑理性的手段来解析这种意识能力，所以我们权且称之为人类大脑所特有的一种"洞察"能力。

从具体表象到一般性本质的抽象跨越对人类的发展具有决定性的意义，这才是"泛化"的理性依据。科学就是这种跨越的结晶。它将我们从就事论事的费心劳神中解放出来，可以以不变的基本原理去应对万变的纷繁复杂的现象，人类文明因此才摆脱了有限经验的局限而获得了爆炸性的发展。

通过前面的分析我们可以清晰地看到，在发现基本原理或规律方面，统计与洞察不是一回事。洞察固然离不开统计，但是它超越了统计样本数据所蕴含的内容而直达更广泛现象背后的普遍本质。我们还没有办法对洞察做严密的逻辑分析，更不要说把它变成一个算法让"外意识"具有这个能力。所以严重依赖基于具体数据样本的统计方法的机器学习，远不具备人类的这种"洞察"能力。我们不能指望依赖统计方法的机器学习产生只有洞察才能带来的那种革命性进步。我们不宜用自己的想象或因为心怀期待，就违背客观事实地去夸大统计方法的能力。不能牵强附会地把统计方法或其他"外意识"产生的一些令人惊讶的结果，比如生成式大语言模型能照猫画虎、鹦鹉学舌地说几句貌似很"深刻"的话，演绎为它们"涌现"出了深刻的洞察能力，认为它们已经在"开悟"的路上阔步向前，很快就能"修成正果"了。如果你真的相信了这些，那是因为不理解统计方法的原理而想多了。

真正理解了一个方法的本质，我们就不会大惊小怪、想入非非了。比如我们不会认为一辆没有人在控制的汽车因为溜车撞了人，是因为那辆车与被撞的人结过仇。而这种荒唐的推论，现在普遍地存在于人工智能领域，而且颇为流行；因为这些推论看上去"证据确凿"，又能满足某些人的某些愿望。不幸的是，这些"证据"仅仅是一些具有迷惑性的表象而已。

如前所述，在解决具体问题的时候，统计方法与基于原理的推理解析方法也很不相同。统计方法必须依赖对大量的学习样本的统计，而学习样本总是携带大量的杂乱信息。所以统计方法因此具有固有的不可消除的不确定性或称随机性。但是基于原理的解析方法则不同，它不依赖于数据统计，而是从原理出发做推理解析分析。如果原理是确定性的，推理解析过程也是确定性的，那么方法也具有固有的确定性。当然如果原理本身也是概率性的，则这种方法也具有固有的概率性特征，在量子领域便是这种情况。但是这种概率性与基于数据统计的方法的不确定性有一个本质的区别，量子力学的不确定性来自客观世界的自然本质，统计方法的不确定性则来自方法自身。方法是人类的创造，不是自然之物。

统计方法的这种固有的不确定性决定了它的适用场景。比如我们不可能用统计方法去构建银行账务系统，虽然我们会用统计方法对账务数据进行分析。

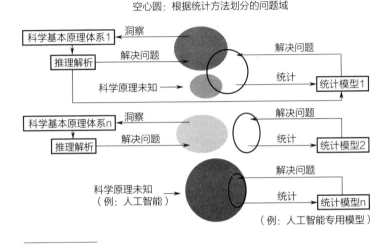

图3-12 统计、洞察与推理解析适用场景的简单示意

当然上面的分析绝非意在否定数据统计方法的价值。图3-12简单示意了前面对比分析过的统计、洞察与基于原理的推理解析这三种方法间的关系。其中实心圆代表了某个按照事物性质分类的问题域，比如物理问题、医学问题等。而空心圆则代表某个统计模型（方法）可以解决的问题域，如正态分布模型、深度学习模型等。这两个维度是彼此独立的划分方式，它们可能有彼此重叠的区域。

科学基本原理都是按照事物性质划分的问题域建立起来的。但即使对于一个已有科学基本原理体系的问题域中的问题，有时也需要用统计方法来解决，比如前面讲的火炮位置侦测。更何况世界上还存在许多本身就是统计性的问题，只能用统计的方法来解决。所以统计方法的使用场景还是非常广泛的。

如果我们仔细观察就不难发现,人类的大脑在很多情况下也是使用统计方法去解决问题的。比如我们听一个有比较重的口音的人说话,听一段后就会适应。这其实就是一个典型的统计学习的过程。只是人类智能的许多其他活动,特别是那些"深刻"的活动恐怕并不是主要依赖统计方法实现的。

事实上今天的科学在很多情况下,比如当需要从现象入手做分析的时候,依然必须依赖统计方法。但它只是科学研究的起点,或解决具体问题的手段之一,对本质的洞见才是科学研究的终点。

客观地认识统计方法,理解它的本质,才能有效地使用它。

3.5 "上帝"的尴尬:"不可解释性"

从开普勒到牛顿,我们能够看到科学起步于统计,成就于洞察。所以数据统计方法,一直被认为是初级的能力或方法。科学每一次革命性的跨越,都来自于深刻的洞察,牛顿的经典力学如此,近现代的相对论与量子力学也是如此。

在表象层面来看,这种"洞察"导致我们可以用简洁的数学公式及方法去普适性地描述事物运动变化的本质性规律。杨振宁认为科学的这种"美"来自于宇宙自有的"精妙"。追求这种精妙之美，是自伽利略、牛顿开始的科学传统。哪怕是给爱因斯坦都带来很大困惑的量子力学，其描述微观粒子运动的薛定谔方程在形式上也相当简洁精美。

所以有人对被打扮得如"阳春白雪"般的人工智能严重依赖就事论事的、越来越庞杂的"下里巴人"般的统计方法颇为不屑。图3-13就是一副讽刺这种情况的漫画。

我们为什么不能像物理学等传统科学那样，把人工智能也建立在精妙且普适的数学表达之上？

图3-13 统计方法、机器学习与人工智能

人工智能这个概念在1957年被提出来的时候,学者们就是按照这个思路去发展这个领域的。在20世纪五六十年代,人工智能学者们努力寻找简洁清晰的基础性智能机制,期望在此之上构建出不同类型的人工智能系统。当时出现了所谓的符号主义、联结主义、行为主义等流派,都是在从不同的角度试图走通这条路。到了20世纪70年代,这些流派都逐步陷入了困境。这个时候人工智能领域出现了两件后续影响十分深远的事情。

第一件事是研究思维意识活动规律的学者们另立门户创建了一个新学科——"认知科学",以探索人类意识活动的内在机理为己任。

另一件事就是出现了以实用主义为导向的"专家系统"。专家系统以人类专家的领域知识为基础去解决特定领域中的问题。从事专家系统研究的学者们,不再以理解或复现人类的一般性智能为目标,而专注于用现实的方法去解决实际问题。所以专家系统出现后一度遭到了"原教旨"人工智能学者们的排斥。但是它确实让人工智能作为一门应用技术迈出了从理想走向现实的重要一步。

在随后的几十年里,人工智能越来越注重实际问题的解决。直至21世纪的第二个十年,"暴力计算"点石成金,让以深度学习为代表的统计方法在众多领域中大显身手,人工智能在几代学者的努力下终于成了全球关注的极少数技术制高点之一。

从上面的描述我们不难发现,由于人类始终未能探寻到意识活动的本质规律，经过各种尝试后，人工智能借助"暴力计算"回到了统计方法这个科学发展的出发点。

自现代科学诞生之后，特别是在20世纪科学取得了全面爆炸性突破后，我们做事情就全面超越了传统的工匠经验方法，凡事不仅要知其然，还要知其所以然。开普勒的工作属于"知其然"，牛顿的工作则是"知其所以然"。所以人工智能回归统计方法之后，虽然创造了惊人的辉煌，但其实更多的是一种无奈的选择。

这种无奈带来了一个重大的困惑，那就是人工智能的顶梁柱、基于人工神经网络的深度学习统计模型的"不可解释性"，至少是"可解释性较差"。所谓的"不可解释性"是指我们不太清楚深度学习模型通过"学习"，到底能学到数据中蕴含的哪些"知识"，我们也不太清楚它是如何利用这些"知识"解决问题的，当然我们也就必然不明白如果它失败了，到底是为什么。所以有人把它称为"黑箱"。这种不可解释性源于人工神经网络模型是在表象层面模拟人类大脑神经元连接而设计的，并不是从清晰的科学原理出发构造出来的。

这里的"黑箱"一词，与物质性技术与工具中传统的含义是不同的。传统的黑箱是指我们无法看到一个系统内部的过程，而只能从系统与外部联系的输入和输出去观察它。深度学习模型并不是这样。它内部过程的每一个步骤的细节都是人工设计出来的，清清楚楚、一目了然。从这个角度来说，它实际上是传统意义上的"白箱"。它带来的困惑是我们没有办法将在它内部进行的底层计算操作，与它整体上表现出来的功能关联起来，从而理解它如何能够有那样的表现。这种几乎完全不可理解的"白箱"在物质性技术与工具领域几乎是见不到的。

在NIPS（Conference and Workshop on Neural Information Processing Systems）2017年年会会场上，曾进行了一场主题为"可解释性在机器学习中是否必要"的非常激烈火爆的讨论。当时包括杨立坤在内的一些学者认为这种"不可解释性"无伤大雅。因为如果把人工智能仅仅当成一个解决问题的工具来看的话，那就不必管他黑猫白猫，抓住耗子就是好猫。事实上我们现在正是这样在使用深度学习，而且创造了许多可以称之为奇迹的成就。

但是事情还有另外的一面，让许多人对"不可解释性"无法释怀。

首先，当我们不理解一个统计模型如何完成其工作，同时这个模型可以有很多可供选择的变化的时候，我们首先遇到的一个困难就是无法去分析推断应该如何选择一个特定的模型去解决一个具体的问题。我们只能靠经验与实验去确定模型的结构与规模。而这种工匠做法是与现代科学与技术的主流不一致的。其应用的低效率及高代价都是我们希望能够大幅改进的。

其次，这种不可解释性导致我们在用统计方法确定模型的参数，也就是所谓的"训练"模型的时候，我们不知道所采用的统计方法，即学习算法，是否能有效地获取让模型有最佳表现的参数，因而我们也只能通过工匠式的实验来判断其有效性，以及确定如何改进相应的算法。

而最重要的是不可解释性涉及统计结果在使用时的"可信任度"问题。当我们说"信任"的时候，不是针对已经发生的过去，而针对未来还没有发生的事情而言的。"信任"一个工具是指对它未来的表现，我们相信依然会像过去的表现那样稳定可靠而不会出现意外。如果一种方法我们不理解它是怎么工作的，是如何产生已有的结果的，即使过去它的表现非常好，我们都没有办法简单地说出"信任"二字，特别是对比较复杂的应用场景而言。

要"知其所以然"是几百年来科学实践铭刻在我们心头的"理性"追求。因此，在面对一些生死攸关、责任重大的问题时，我们就很难下决心使用这类具有"不可解释性"、无法知其所以然的方法。

机器学习中采用的统计类模型在不同的程度上存在"可解释性"较差的问题，深度学习模型不过是其中表现最突出的一个罢了。所以，提高模型的可解释性自然成了一个被高度关注的问题。多年来大量学者从不同的角度做了很多工作（见李凌敏等2022年发表于《计算机应用》的文章"深度学习的可解释性研究综述"），但是并没有决定性的突破。

实际上，在机器学习领域，关于"可解释性"连一个统一的标准都没有。机器学习模型的可解释性大体可以划归为两种：内在可解释性（Intrinsic Interpretability）和事后可解释性（Post-Hoc Interpretability）。

内在可解释性是指对模型自身学习与工作机理的理解。对于深度学习模型来说，这件事情极其困难，所以相关的研究工作也比较少。事后可解释则是指我们在一个模型训练完成之后，对其工作过程做分析，进行就事论事式的解释。就事论事总要简单一些，所以有众多的论文对其做探讨研究。

由于深度学习等算法的不可解释性，很多人，包括一些泰斗级的学者，便从统计模型某些而非全部的行为功能表现出发对它内在的机制做了很多推断。由于带有明显的选择性并且脱离了算法底层的基本过程，所以这种推断带有很大的主观臆断性。现代科学与技术是建立在从底层基本原理到高层行为功能的正向逻辑之上的，而这些推断属于反向推测，更多的是一种猜测、想象乃至信念，不应被视为坚实的科学论断。以"复杂系统特例论"来为这些解释正名，不仅苍白，而且违背科学的基本规范。

正是由于这类推断的流行，使得以没有什么科学技术含量的"涌现"为代表的一类含糊不清、模棱两可的词汇与说法大行其道，将该领域的研究抛入了浓浓的迷雾之中，误导着人们的注意力，让科学探索变得更加困难。

3 "外意识"的算法本质

人类大脑中的意识是一个我们还没有办法有效观察测量的黑洞,我们对其内在机理一筹莫展是完全可以理解的。但对深度学习模型这个由人类自己设计出来的,而且在传统意义上"白"得不能再"白"的"白箱",我们经过大量努力依然难以"理解",这实在是现代科学与技术领域匪夷所思的奇观之一,是人类这个新科"造物主"十足的尴尬。

或许我们陷入了一种不自觉的自我束缚之中:一直在努力用人类已有的知识和方法去剖析它,试图把它纳入到现有的科学与技术框架之中来解释。最典型的表现就是我们把人工神经网络理所当然地视作一种函数映射。这种理解虽然是符合事实的,但却可能未必揭示了它独特的本质。就像说人是两条腿的动物显然是正确的,但这却不是对人的本质的正确描述。

回顾科学发展的历史,在伽利略时代我们摆脱了神学的逻辑,用全新的科学的视角与方法开始认识这个世界,因而建立了科学;在20世纪初,我们因为黑体辐射与迈克尔逊-莫雷实验无法在已有的科学框架内得到解释,而分别突破了传统科学中物理量必然连续无限可分的设定和牛顿的绝对时空观,创建了量子力学与相对论。

现有的科学与技术框架是以对物质性现象的描述为出发点建立发展起来的,它是否适用于认识意识性的活动?人类大脑的底层是物质性过程,我们至今无法理解这个过程如何产生了意识;深度学习模型的底层是数值计算,我们至今无法理解这些计算如何实现模型表现出来的整体意识性功能。从底层到顶层缺乏连续性，在这一点上两者惊人地相似。这是否隐藏了什么共同的秘密？

无法用现有框架内的理论和知识解释的现象或问题，一直是前沿科学探索者们梦寐以求的，因为它们常常是引发人类革命性进步的宝贵契机。或许基于人工神经网络的深度学习模型的"不可解释性"，是"外意识"领域的一个超出科学与技术现有框架的问题，需要我们从一个全新的基础开始，基于一套新的方法建立一套新的理论，就像当年牛顿将力学大厦建立在了其新发明的微积分之上。或许这将给人类打开一扇通向新知识疆域的大门。

之所以做这样的推测，是因为人工神经网络模型从源头上就不是基于现有的科学框架分析推理的结果，它是受到大脑中神经元高度互联的结构启发，以类比的方式创造出来的。这条路径曾经被冠以"联结主义"。从这个名词就能看出，它从一开始就没有把传统的数学方法，如函数映射理论作为自己的基础。当然除了"联结主义"这几个字、技术层面的许多方法及借助"暴力计算"取得的广泛应用外，它一直没有能够在基础理论上取得实际进展。

对现有框架的突破，需要牛顿那样的洞察力，通过对深度学习模型学习过程的精微观察，去建立新的基础概念以及相应的方法，而不是抛开底层真实过程，形而上地做一些毫无信息含量的空洞臆想。"涌现"这个现在被频繁使用的词汇就是后者的产物。它描述的是大量群体活动会产生某些不能预料的结果的现象，但是它的引入对理解这种过程却没有提供任何帮助,除了让使用者在外行面前显得很有学问之外。

在传统的科学与技术领域,引入这样没有意义的"新概念"是不符合基本科学规范的。这种比较广泛地存在于当前人工智能领域的言之无物、言之乏据的现象,正说明该领域还处于工匠技艺主导的"前科学"时代。

科学每一次革命性的进步,被后人津津乐道、大做文章的往往是哲学理念这些形而上的产物,因为外行都可以对其品头论足。但其实每一次科学革命都是从面对具体的问题、剖析真实的过程开始的,而不是理念先行的结果。哲学理念、科学范式都是随着实践的发展而逐步抽象提炼成型的。实践出真知,才是人类认识世界的基本模式。

"外意识"都是由算法来实现的,所以对任何类型的"外意识"的理解,都应该遵循上述原则,即从算法的基本过程开始来分析它做了什么、为什么能做及如何做到。任何从表象出发,脱离算法基本过程的"诠释",都属于自以为是的主观臆想,无助于信息科学与技术的发展。

下面,让我们更进一步,看一下属于理性意识活动的"智能"中最核心的一个环节——"理解"是一个什么样的过程,以及机器学习借助统计方法能够实现何种程度的理解。

4

理解：人与机器学习的异同

4 理解：人与机器学习的异同

美国OpenAI实验室于2022年11月30日发布了聊天机器人ChatGPT（Chat Generative Pre-trained Transformer）。它迅速在网络上走红，在短短5天内注册用户数就超过了100万。2024年初，OpenAI的视频生成器Sora又引爆新一轮热议。

由于不论是在语言领域还是在视频领域，它们都给出了让许多人感到惊奇的结果，所以便出现了大量的耸人听闻的说法。有人认为这些模型已经具有了"理解"能力，它们能够理解语言背后的逻辑，能够理解物理世界的运动规律。

在参与热议的人当中，不论是专家学者、从业人员还是普通大众，当谈到"理解"的时候，有多少人清楚地知道自己说的"理解"到底是什么？如果大家对于什么是"理解"都没有共同的认识，讨论这些生成式模型是否有"理解"能力就失去了意义。

"理解"是一个我们再熟悉不过的词汇了，它同时也是认知科学与智能科学领域最基本、最核心的问题之一。问题越是基本，我们往往就越熟视无睹，越觉得无须做什么解释。其实把它说清楚极其困难。就像"时间"是我们最熟悉的概念之一，但是至今物理学家与哲学家们对于"时间"到底是什么还在争论不休，各种说法千奇百怪，甚至有人认为时间只是人的一种主观幻觉。

从小到大，我们都在努力地去"理解"，也希望被别人理解，曾经"理解万岁"被喊得震天响。可是好像却没有谁讲过到底什么是"理解"。在受教育的过程中，几乎所有的课程都在讲授需要我们去理解的知识内容，然后用考试来检验我们是否理解了这些内容。但是好像却没有一门普及性的课程来教授我们应该如何理解。"理解"似乎是一种如呼吸般理所当然的、人人无师自通的能力。

事情远非如此简单。只要是生理正常的人都能正常地呼吸，但是正常人的理解能力却有着很大的差异，就连同一个老师教授的学生，这方面的表现也可能大不相同。

如果将人类的理性意识活动简化，我们就可以得到如图4-1所示的基本过程。这正是钟义信提出的人类智能一般过程的另外一种表示。

从图中我们可以看到，理解是"认知"的结果，也是有效"行动"的重要前提，是人类理性意识活动的核心环节。没有了理解，

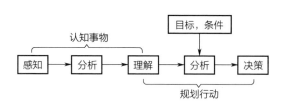

图 4-1　人类理性活动的简化示意

人类的高级理性智能活动就不复存在了。

所以对"理解"有一个清晰的认识,对于我们提升自己的理解能力,寻找意识活动的规律,认识各种基于不同算法的"外意识"的能力边界都具有极其重要又十分普遍的意义。

所谓认识"理解",实际上是一个理解"理解"究竟是什么的过程。从文字表述逻辑的角度来看,这似乎是一个悖论。但是文字表述逻辑是大脑意识活动的产物,所以大脑的意识活动可以超越文字表述逻辑,当然也可以说大脑并不讲究文字表述逻辑。下面我们就来尝试一下如何超越文字表述逻辑来剖析这个"元理解"问题。

许多人在理解一个问题的时候,习惯于从概念出发,然后做抽象的逻辑推演思辨。但实际上,这只是一种衍生式的理解方式。人类和一切拥有不同水平的理解能力的系统最原初、最基本的理解方式是从一个事物产生、发展与变化的过程中去认识它,从而形成对它深刻而全面的理解。

下面我们就用这个方法来剖析什么是理解，从而理解"理解"到底意味着什么。

4.1 实在感知——"理解"的基础

我们在刚刚来到这个世界上的时候，没有什么理解，有的只是本能。我们在本能的驱使下与这个世界开始接触互动。这个时候我们不断获得各种直接的体验和感受，然后从直接的对象发展到抽象的符号，"理解"便在感受与认识世界的过程中逐步出现与发展。最典型的一个例子便是我们小时候学习数数的过程。

数字是人类用作计数、标记或量度的抽象概念。到底代表了什么含义，需要孩子去理解。那么我们当初是怎么获得这种理解的？——与我们的体验关联在一起。

图4-2 对数字及加减法的理解过程

数字是我们对感知到的世界中的存在物的一种抽象，所以它的意义、对它的理解也必然要回到我们对世界的感知上。如图4-2所示，我们小时候是通过感受到的具体事物来理解数字以及基本的四则运算的。这是一个把我们还不理解的事物与我们已有的实在感知关联起来的过程。通过这种关联，我们得以"理解"抽象的对象。

所以理解的基础是我们的真实体验与感受，或称之为"实在感知"。它是我们借助自身的感知功能或仪器对我们感知功能的延伸而获得的对客观存在的体验，包括大小、颜色、味道、轻重等。人内在的喜怒哀乐等情绪体验属于另外一类意识活动，不在本章的讨论范围内。

之所以用"实在"这个词来形容我们的"感知"，是因为我们所有的感知首先都是基于物质之间的相互作用。没有物质之间的相互作用，就没有人的感知。我们最熟悉的"看"这个过程，就是光首先作用于一个物体，再反射到我们的视网膜上，我们才能看到这个物体。人类借助仪器的观察同样是这样。

在量子力学领域，许多人，包括许多高水平的学者，都把人类对微观过程的观察与测量解释为一种纯意识过程，而将作为观察与测量的基础的物质作用过程有意或无意地忽略掉了，进而得出结论说人类的观察——也就是意识活动——改变了微观事件的状态。真实的情况是，人类所有的观察、测量必须通过物质作用来实现。是人类的观察、测量所必须依赖的物质作用过程改变了微观事件的状态。而且只要这种物质作用存在，即使没有人的参与，微观事件的状态依然会被改变。反过来，迄今为止没有任何实验证明人类可以在没有任何物质相互作用的情况下，仅凭自己大脑中的空想改变微观事件的状态。"意识可以改变微观事件的状态"是一个很奇怪的错误结论。许多人基于这种"科学发现"演绎出更多的荒唐说法，都是在把科学玄学化，或者把玄学科学化。

我们的实在感知在根本上决定了我们的"理解"可以覆盖的范围。如果我们没有办法与某种事物、现象或存在通过实在感知建立起某种关联，就无法实现对其的理解。也就是说我们实际上将对其无话可说。"少年不知愁滋味""为赋新词强说愁"中的"愁"虽然是人的一种内在情绪体验，与前面讲的直接感知不同，但反映了同一个道理：在本无体验因而无话可说时非要强说，那就只能是臆想，甚至是胡说了。

著名物理学家理查德·费曼针对量子力学曾经说过一句很有名的话："我想我有把握说没有人理解量子力学。"（见 The Character of Physical Law，第107页，Penguin Books1992年出版）他的意思就是我们没有办法把量子力学描述的微观世界中的现象与我们的实在感知关联起来。正是因为缺少这种关联，所以到今天人们对量子力学也还存在很多不同的解释，包括匪夷所思的多重世界的说法。而前面讲的"意识可以改变微观事件的状态"的错误就是在这个大背景下发生的——由于存在太多理解上的困难,所以在混乱中把本可以正确理解的过程也给错解了。

这种情况在同样违背直觉的相对论领域却并不存在,因为人们还是可以把相对论效应与我们的实在感知比较清楚地关联起来的。比如运动的时钟变慢,虽然不可思议,但还是可以与我们对时间的实在感知有效地关联起来的。

4.2 "理解"是多重的复杂关联

4.2.1 对实在对象的理解:显性与隐性关联

分析"理解"的第一个视角,是从实在感知出发。

我们自呱呱坠地之后,便开始在与世界的互动中获得越来越多的实在感知,同时就逐步建立和丰富它们之间的关联关系。比如我们吃各种食物,会有各种不同的感受。然后我们会自觉或不自觉地对这些感受做关联对比,在这个过程中加深了对不同食物的理解认识。酸、甜、苦、辣、咸就是这样产生的。如果我们的食物只有一个味道,就不存在这些不同的感受,也就不存在对食物酸、甜、苦、辣、咸等味道的理解认识了。然后,我们会去进一步从科学的角度分析这些不同的味道背后的深层原因。

详细剖析我们产生并且不断丰富对这个世界的"理解"的过程，会发现其中有五方面的重要内容。

*理解由个体大脑的内在思维过程获得，用外在的文字等对其做形式化描述记录并不是理解本身。外在的文字表述也是需要大脑去理解的对象。

*实在感知是以记忆的形式留存在于我们的大脑中发挥作用的。不形成记忆的实在感知是没有意义的。所以记忆是理解的基础和起点。我们也可以说对这些实在感知的记忆是理解的初级原始形式。对于自己获得的实在感知的遗忘，将会降低自己的理解能力。列宁曾有一句名言："忘记过去就意味着背叛。"忘记自己的实在感知，是对自己生命历程的一种背叛。

*在孤立的实在感知之间建立起关联，是我们对外在实在对象的理解从初级原始形式走向高级形式的标志。比如我们将食物的味道区分为酸、甜、苦、辣、咸等，相互对比关联。这种关联会体现为多种不同的具体形式。

*理解的核心之所以在于关联，是因为所有的事物都在相互作用中体现着自己的存在，我们也是从它们彼此相互的作用和关联中认识它们是什么与不是什么的。与其他事物没有任何关联作用的"事物"就是"不存在"、就是"无"。事物间自然存在的直观显性的关联属于"（客观）显性关联"，比如行星围绕太阳运动这种直观的关联。所谓"直观"或"显性",是因为人类可以直观地感知这种(客观)显性关联。它们大都是基于时空的关联关系。人类的理性分析可以对事物之间的关联做进一步的分析认识,建立从客观感知中抽象而来的(客观)隐性关联,这是一种(客观)认知关联,即它既有客观性,又是人类认知的结果,而不是显性自然的存在。比如将太阳与行星联系在一起的运动规律,苹果与香蕉营养成分的异同等,这就是人类在自己的直接感知基础上通过进一步的认知而建立的(客观)认知关联。

*(客观)显性关联相对而言比较简单,(客观)认知关联作为人类的理性认知则可以很复杂,分为多个不同方面与层次。人类的许多知识都与这种关联有关。比如,对于行星与太阳的客观隐性关联关系,开普勒根据第谷积累的大量观测总结出了行星运行三大定律,把行星与太阳的关联提升到了理性认知的层面。而牛顿的万有引力定律,则在更高或更深的层面,揭示了万物之间存在的一种普遍性关联关系。这两者都是"客观"认知关联,却处于不同的层次,或者说对于(客观)隐性关联关系揭示的深刻程度不同。

从上述分析可以看出,我们对于一个可感知的实在对象的理解,主要由三个基本部分组成:对对象的实在感知,对这个对象与其他事物之间的(客观)显性关联的感知,以及对对象与其他事物之间的(客观)隐性关联的认知,即(客观)认知关联。图4-3是以木星为例展示这三方面理解的内容。

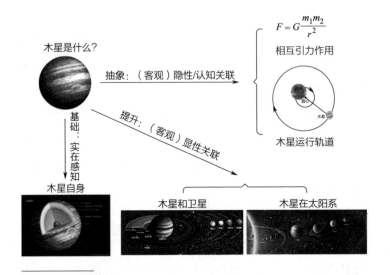

图4-3 理解可感知的事物

4.2.2 对知识的理解（一）：回归关联

分析"理解"的第二个视角，是从用文字符号抽象化表达的知识出发的。

人类区别于动物的关键之一在于我们发展出了复杂的语言能力，特别是复杂的文字符号系统。它让我们不仅可以记录我们的感知内容，而且可以脱离实在事物做抽象的描述、构建与推演。当然这些抽象的内容都源于我们的实在感知。在人类最离奇的抽象描述如鬼神传奇中，我们也可以察觉到人类实在感知的踪影：它们是基于我们的实在感知的一种想象或外推，而不是单纯的无中生有。

我们用文字符号建立了知识体系，它是图4-3中的（客观）认知关联的一个重要的组成部分，我们简称其为抽象知识。它在极大地深化我们对实在感知对象的理解的同时，也给理解带来了新的巨大挑战：对抽象知识本身的理解。

抽象知识的建立，是从实在感知开始的。创建者通过对实在感知及（客观）显性关联的记录与分析，利用"灵感""洞察""思辨"进一步发现了事物之间的（客观）隐性关联关系。对于创建者来说，一般情况下不会存在对这些知识内容的理解问题，因为整个过程就是在创建者所做的关联分析中完成的。当然如果这个过程包含了比较复杂的抽象逻辑步骤，那么创建者自己可能也会迷失其中，出现理解上的困难。

抽象知识的建立，是为了让人们学习掌握。对于学习者，他们没有经历知识建立时的关联分析过程，而且知识常常仅以文字符号的抽象形式表现出来，没有包含其产生的过程，所以学习者将面临理解上的巨大挑战：仅仅知道和记住了知识的表述，包括其中不同部分之间的关联是远远不够的，这只是对知识本身在文字符号层面的初级理解。如何将其与实在感知有效地关联在一起，才是理解的核心关键，做到这一点才算是真正理解了知识。前面谈到的洛伦兹变换就是一个典型的例子。尽管洛伦兹早于爱因斯坦提出了这套狭义相对论的核心变换，但建立狭义相对论的荣誉却归属爱因斯坦，正是因为洛伦兹只是在抽象的文字符号层面推导出了它的数学形式，而爱因斯坦才准确理解了它真实的意义。"爱因斯坦的杰出天赋是他对什么是一个问题的关键的物理洞察力。尽管他的数学比大多数人都高明,但是数学从来不是他的强项,而他对物理却有极强的感受力。"(摘自《寻找薛定谔的猫》,第291页,[美]约翰·格里宾著,海南出版社,2009年2月第2版)所谓"物理感受力"就是将抽象的数学表达与这个真实世界的基本物理过程关联起来的能力。

洛伦兹变换在数学上并不复杂,其中包含的运算都是我们在小学时就掌握了的,涉及的变量也只有三维空间坐标再加上时间。所以将抽象知识与真实世界关联起来的困难,并不总是因为抽象知识本身在形式化逻辑方面有多复杂。数学形式上的简单不意味着理解起来容易。

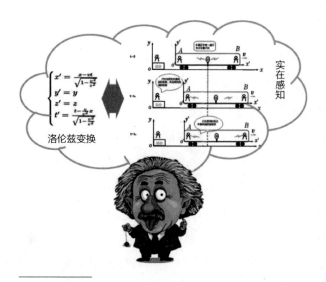

图4-4 爱因斯坦的"眼光":抽象描述与实在感知的正确关联

我们常常认为数学公式本身代表了一种深刻。其实相对于抽象的数学推导与表达形式而言，在数学公式与我们真实感知到的世界之间建立起正确的关联，也就是把抽象的逻辑表达与我们对世界的实在感知正确地关联起来，才是对本质的深刻洞察。只有这样我们才算真正理解了那些数学公式、那些用文字符号表达的抽象知识的真实意义。这并不比摆弄抽象逻辑更容易，而且它更加重要。抽象逻辑如果不与现实正确地关联起来，其意义就十分有限了，甚至会成为一种没有实际意义的逻辑游戏。

由于抽象知识来源于实在感知，其意义也在于它们与实在感知的正确关联，所以这种关联我们可以称之为"回归关联"——回到其产生的源头、回到其意义所在的真实场景。

显而易见，"回归关联"是我们从实在感知中分析抽象出知识的过程的逆过程。这种关联是从对抽象知识理解的角度来建立的一种知识与现实之间的关联关系。前面的（客观）隐性/认知关联，与这里的回归关联都涉及真实感知对象与抽象知识，但在图4-3中，关联是建立在不同感知对象之间的，知识是作为关联关系，而不是作为关联对象存在的。

我们可以将一套抽象知识体系内部不同内容间的关联称为"逻辑关联"，即这种关联是依据抽象知识赖以构建的逻辑建立起来的。这是掌握一门知识的基础。

理解知识的基础是掌握"逻辑关联",理解得是否透彻在于能否掌握"回归关联"。"回归关联"也是抽象知识的意义所在,因为人类创造这些知识是为了解决现实问题,而不是做文字逻辑游戏。

人类在理解抽象知识的时候存在一个有趣的现象。有人虽然没有在抽象知识与自己的实在感知间建立起有效的关联,但是却能够掌握这套抽象知识内部的逻辑关联,从而在一定的范围内有效地应付文字符号表达的各种逻辑化的问题。

具体地讲,确实有些学生并没有理解一门课程的真实意义,但是却掌握了这门课程自身的逻辑,从而可以在仅仅考验对这套逻辑的掌握程度的考试中取得很好的成绩。这也是对知识的一种理解,但这样的学生并没有真正理解这门课程的意义。所以他们在未来的工作中不太可能有效地利用这些知识去解决真实的问题,而且可能很快就会把这些知识遗忘掉。因为这些知识在他们的头脑中仅仅是一个个的孤岛,很容易消失在时间的消磨之中。这可能就是倍受诟病的"应试教育"的后果。有些在学校学习成绩很好的学生在后来的工作中表现平平,可能与这个现象也有密切关系。

费曼在1949年夏天应邀在巴西里约物理研究中心做讲学,逗留了六个星期。随后第二年又去巴西里约大学任教,工作生活了十个月。那段经历让他对巴西的教育深感失望。在他口述的自传《别闹了,费曼先生》一书中,他对巴西学生的学习情况做了这样的描述:"他们有办法通过考试,'学会'了所有的东西,但除了背下来的东西外，什么也不懂。"这就是只学到了教科书上那些抽象知识自身的逻辑关联内容，而没有将知识与真实世界关联起来。学生们也不关心这种关联，因为考试不考这些内容。这使得教学与学习都失去了原本应有之义。

当然巴西教科书里也没有包含将知识与现实关联起来的内容。在学期结束时，一些学生邀请费曼做一次讲座，讲一下他在巴西的教学经验。这是一次令巴西教育界深受震动的演讲。费曼在自传中写道，在演讲中他举起一本公认写得非常好的大一物理教科书直言不讳："在这本书里，从头到尾都没有提及实验结果。随便把书翻开，指到哪一行，我都可以证明书里包含的不是科学，而只是囫囵吞枣的背诵而已。"

在费曼的眼中，没有与真实世界关联起来的抽象表述就不能称之为科学。

他随后不久去日本参加一个理论物理国际会议并顺便访问当地的一些大学及研究机构。在与日本大学及研究机构的同行交流时，他总是会让对方提供一个其研究内容的实际例子，而不是仅仅解释数学公式。他在自传中写道："在每个地方他们都会告诉我他们正在研究的大方向，然后写下一大堆方程。'等一下，你讲的问题有没有什么例子？'……这是我的作风：除非我脑子里能出现一个具体的例子，然后根据这个特例演算下去，否则我无法理解他们在说什么。"

可见费曼是在将抽象的逻辑描述与具体的实例密切关联在一起的过程中获得"理解"的,而不是仅仅依据理论自身抽象的逻辑关系。

天才大师尚且如此,我们就更不可能有其他的途径去获得对抽象知识的"理解"了。

4.2.3 对知识的理解(二):知识间的关联

我们把知识分门别类,是为了研究与阐述上的便利。世界其实是一个整体,关于世界的知识构成了一个知识体系。所以抽象知识之间也需要建立起关联关系,这也属于对知识理解的一部分。

这种关联,有的是用更高层的抽象知识来表达的,比如从哲学、方法论的角度将不同领域的知识关联起来。"治大国如烹小鲜"讲的就是这个道理。一些很出色的人物可以在多个很不相同的领域内取得杰出的成就,大都是因为掌握了不同领域的知识间的关联,从而可以做到触类旁通。我们可以把这种关联称为"跨层关联"——借助另外一层的知识建立起来的关联。

有的是知识体系中不同层之间的关联,如哲学与具体学科之间的关联、科学与技术之间的关联都属于"层间关联"。这种关联通常具有前后承接性质。比如对于某些技术来讲,科学就是它的"源"。

有的是知识体系中同一层的不同知识之间的关联。世界是一个整体，并不能被机械地切分开来，所以各个领域的知识之间并没有清晰严格的分界，彼此有很多的交叉重叠。这就构成了"交叉关联"。比如管理学与心理学就有着密切的关联关系，众多交叉学科也就是这样产生出来的。

还有的是对不同的知识做类比而产生的关联关系。软件架构设计就是在与建筑架构设计的类比中发展完善起来的。人们还会将军事比作艺术、将管理比作军事等，帮助自己理解这些知识。这是一种"类比关联"。

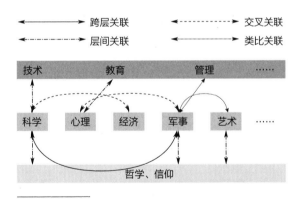

图4-5　知识间的关联：四种主要的关联关系

人类知识是一个体系，有内在结构。这四种关联关系是从人类知识结构的角度来描述的。我们当然还可以从其他不同的角度对知识间关联关系的性质进行描述。抽象知识之间存在的这些关联可以统称为"知识关联"。

或许有人会问，既然抽象知识间的关联如此重要，那么在知识的表述中，为什么不可以把这些关联完整而清晰地包括在内，而要让学习者自己下大功夫去建立这种关联？

毫无疑问在知识表述中是有这方面的丰富内容的，但是在"完整"与"清晰"方面依然有很大的不足。这可能有三方面的原因：关联关系自身的内容过于烦琐，难以用文字符号"清晰"地表达；知识表述者自己在理解上存在局限；关联关系涉及内容广泛而富有弹性，很难将其"完整"地囊括。

上述不同知识之间的各种关联关系的建立，在很大程度上也依赖于不同知识的"回归关联"。因为不同知识间很多的关联只有回归到真实的世界才能发现、才能看清楚。仅仅停留在文字符号的表达层面，知识间的许多关联关系是无法被发现的。回归关联与各种知识关联之间的这种关系剖析起来就更复杂烦琐，在此不再展开讨论。

在图4-6中，我们希望用一种简略的方式，形象地表达回归关联在对知识的理解中所起的核心关键作用。

综上所述，"回归关联"是理解抽象知识时最为重要的关联关系，这也是费曼如此强调这一点的原因。

对"回归关联"的另外一种在哲学层面的现代表述叫"理论联系实际",对这一点,我国也有许多传统的说法,如"纸上得来终觉浅,绝知此事要躬行"。所以无论如何强调它的重要性都不为过。

图4-6 回归关联的核心作用

由于我们对抽象知识的理解关键在于"回归关联",而回归关联就是要回归到实在感知。所以一个人的实在感知的丰富程度,从根本上决定或约束了其能够理解的抽象知识的范围。"读万卷书,行万里路"就是这个意思。没有"万里路"的阅历是无法理解"万卷书"的内容的,最多只能形成一些坐而论道的所谓"书生之见",价值十分有限。

4.2.4 关联的客观、多重、动态性

理解是一种意识活动,但是它与同样属于意识活动的"想象"不是一回事。

想象可以是海阔天空的脑洞、一厢情愿的解释,理解则是要形成对被理解对象的符合客观实际的正确认识。所以理解中的关联,不是臆想出来的,而是一种客观存在的联系在我们头脑中的反映。这种客观存在的联系,需要我们去观察、去分析才能获得,并且需要不断在实践中去反复地检验我们获得的那些关联关系是否正确。

那么前面谈到过的"逻辑关联"也是一种客观联系吗?

逻辑关联是基于一套抽象知识在构建时所采用的逻辑规则建立的。这种逻辑规则是对这门知识所反映的客观实在中的联系与规律在文字符号层面所做的一种抽象提取。所以按照这种逻辑构建的知识才可以反映客观现实,才有意义。因而依据它建立的关联也具有客观性,当然前提是正确地运用了这些逻辑规则。

理解中的关联关系多种多样。有的关联是因果性的,如遭受重创引发的死亡这两者之间的关联。毫无疑问,因果关联是一种非常重要的关联关系,但是绝不能认为理解中的关联关系只有因果关系。有人说人类的理解是建立在因果关系之上的,而算法只能发现相关性,所以两者有本质的不同。这种说法是有问题的。

除因果关系外，我们理解中的关联关系还有：由相似性带来的关联，比如苹果、香蕉因同为水果而形成的关联；由对立性、差异性带来的关联，比如酸、甜、苦、辣、咸之间的关联；由空间产生的关联，比如在同一片森林中的物种；由时间产生的关联，比如不同朝代的更替关系；由对象的构成要素产生的关联，如"木制"家具。我们可以从各种不同的角度，以不同的深度将与"理解"相关的关联关系持续罗列下去。由此可见理解中的关联关系极其丰富、复杂，具有不同的深度与广度。哲学上的概括就是：事物是普遍联系着的。

从上面简单的罗列不难看出，理解中的关联有的来源于对象之间的直接相互作用，更多的——或者说绝大部分——则来自我们对认知对象的认识分析。我们不能把事物之间的因果关联当作理解中唯一的关联关系。关联的这种极大的复杂性，让"理解"成了无法按固定"路数"完成的艰巨挑战。这也可能是没有一门课程专门讲授"理解"的重要原因。

由于一个人的实在感知与掌握的抽象知识是在不断变化的，这个世界也是在不断变化的，所以一个人对实在感知对象以及抽象知识的"理解"也处于变化之中。这种变化，不仅包含理解的不断深化，也包含理解本身内容的变迁或丰富。

比如从牛顿到爱因斯坦，我们对力学的理解深化了；从力学到电磁学、从经典物理到量子物理，则丰富了我们对世界理解的内容。

人类如此，个人也是如此。

就个人而言，理解是随着人的生命过程而动态变化的。当它固化的时候，一个人的精神世界便走到了尽头，或者说他的意识活动已经走进了一个封闭的死循环。对于任何一个系统来说，封闭就意味着停止发展，逐步走向死亡。

4.3　知道、了解与理解之间的鸿沟

我们不难发现理解与知识有一个根本性的不同，就是它具有不可传递性。知识可以记录下来，传播给不同的人，理解却是每个人自己的事情。我们可以帮助、启发别人去理解，但是却没有办法将我们自己的理解直接传授给他人，成为他的理解。这也是教育过程中最大的挑战：你可以在逻辑上把一门知识讲得"清清楚楚"，但这并不意味着学习者就能理解这些知识。

理解之所以只能由每个人自己辛苦地完成，有三个主要的原因。

首先，理解中最为重要、最为核心的关联是与自己的实在感知的关联，显然这是他人无法代劳的。

其次，自己头脑中已有的知识已经不再是书本上的"裸态"，而是带有自己个人的理解，所以与这些知识的关联，也只能由自己

来完成。

最后，也是理解的核心本质在于，我们在理解中建立的各种关联不是仅仅作为信息记忆在大脑中的，更是作为联想思维过程的一部分存在并起作用的。它属于联想思维这种意识活动的一部分，是联想思维中客观理性的部分。

每个人只有自己在意识活动的过程中建立并完成了关联，这些关联在大脑中才能在意识活动的意义上（而不仅仅是在信息存储的意义上）与被关联的对象内容浑然一体、发挥作用，只有这样你才有了自己基于这些关联的理解。所以只有自己的大脑亲自完成了这个过程，你才真正获得了理解。

因此，"理解"不仅涉及对关联关系内容的记忆，更涉及个人自己建立关联的过程。关联如果仅仅作为文字符号的表述被大脑记忆，它依然只是一种孤立的知识或信息，在大脑中不能与被关联的内容在意识活动的意义上融合在一起，因而并不能构成一个人的理解。

从这个角度来看，知识是理性活动的产物，可以用形式化的文字符号来表达并传递，而理解则不同。在我们的大脑中，理解的过程与理解的结果共同构成了"理解"本身，其核心是在意识活动的意义上建立起不同内容之间正确的关联关系。其中理解的结果不仅仅以记忆的形式存在于大脑中并被有意识地调用，更以意识活动本身——联想思维的形式体现出来。就像人们对运动技能的掌握，它不仅仅是以知识的形式被记忆，更能在运动过程中体现出来，这就是所谓的"肌肉记忆"。（不过"肌肉记忆"这个词有很大的误导性。我们对运动的掌握也只能通过自己的运动训练过程实现，而没有办法仅仅依靠知识传递来达到目的，虽然知识的传递在其中也起了重要的作用。）

所以，"理解"在本质意义上是一种只可意会而不能言传的个人内在的理性意识过程。

以此观之，死记硬背式的教育方式虽然无法带来理解，但也并非毫无道理，甚至是必要的，特别是针对那些并非建立在严密逻辑之上的知识。我们可能都有过这样的经历：在特定境遇下，突然理解了早就知道的某个道理，而当初没有理解是因为缺少相应的真实体验。当然这种教育如果让受教者认为"记住"便万事大吉，那就误入歧途了。

当然事情还有另一面，就是我们可以在他人的启发、帮助下实现理解，而不是一味地死记硬背，然后消极地等待不知什么时候会到来的理解。如图4-2所示，我们可以用苹果来帮助孩子理解数字及其基本运算。好的教育者善于启发受教者去理解。最有效的启发是因人施教，基于每个人特有的实在感知，启发对方建立起实现理解所需的关联关系。

由于每个人理解能力、理解的内容与侧面各不相同，其大脑中包括事实和知识记忆在内的理性意识的结构也有所不同。这种差异会直接反映在意识活动的意义上，而不只是在静态存储的意义上。

最差的一种情况，是一个人对事物缺少基本的理解，所以他的记忆内容被意识利用时是零碎的，彼此的关联性很差。这种情况对应的大脑状态可以称之为"知道"，但不是"了解"，更不是"理解"。这种状态的大脑平时表现出来的意识活动必然是散乱零碎及跳跃性的，缺少逻辑性、一致性与关联性。但这并不妨碍某些这样的人依靠自己的主观想象，将不同的事物"关联"起来，巧舌如簧地去长篇大论地做文字游戏，甚至表现得"聪明伶俐"。

比较好的一种情况，是一个人对其掌握的抽象知识本身基本建立了文字符号层面的逻辑关联，但却没能实现不同知识之间的关联，也缺少知识与实在感知的回归关联。那些抽象知识基本上是以孤岛的形式存在于大脑中，因为缺少外部关联而很容易被时间磨损。这种情况对应的大脑的状态可以称之为"了解"，依然不是"理解"。这种状态下的意识活动通常停留在表象层面，看不到不同事物或现象表层之下的联系、特别是深层的隐性联系；常常表现为就事论事，往往把事情都孤立割裂开来，但又有比较强的"逻辑性"。在这种人的眼里，事情往往是"一码归一码"、各不相干。他们会反复地从不同的方向掉进同一个"坑"里，因为换一个角度他们就认不出这是同一个陷阱了。

与前两种情况不同，对事物有很强理解的人的记忆则是结构化与强关联的。其大脑中的内容有清晰的结构秩序，而且还有复杂而正确的客观关联关系。其实，结构秩序本身也是一种关联。由于知识处于结构化、强关联状态，所以它们之间有相互不断强化的作用效果，对知识的记忆时常会因关联而被不断"刷新"，因此比较牢固，不易消退。这种状态反映了真正的"理解"。世界在这种头脑的意识活动中是一个整体，而不是割裂离散的。其意识活动不仅仅有逻辑性，更有很强的系统性和全面性，能够洞察到看上去很不一样的事物与现象之间的本质联系。把不同的事物关联起来分析是具有这种结构的大脑的一种习惯性的本能反应，而不需要刻意去提醒自己应该这样做。

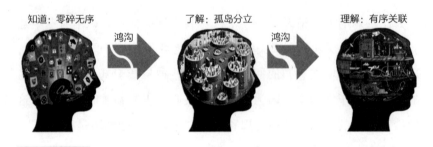

图4-7 从记忆结构的角度看"知道""了解"与"理解"的差异

在现实中，人的真实情况当然多种多样。可能是上述三种情况的过渡或混合状态，而且还会有许多因为各种原因而带来的错误的感知与关联。但是这三种情况确实是人从"知道"到"理解"的过程中有典型代表性的三个状态。从图4-7中我们能够看到，"知道"并不等于"理解"，它们之间横亘着巨大的鸿沟。从"知道"到"理解"要走过一条漫长而艰辛的道路。

我们大脑中的这个结构，其实就是世界在我们头脑中形成的"映像"，每个人拥有的"映像"各不相同。虽然我们生活在同一个客观世界里，但我们的意识是活动于互有差异的不同"映像"之中的，人与人之间或多或少的隔阂也由此而生。

"理解"是一个我们再熟悉不过的概念了。但是我们还没有能力对其做定量的分析，上述定性的分析过程都可能颇为烧脑，因为很多意识活动过程很难用文字符号语言来清晰地描述，更不要说定量地度量了。如果前面的分析过于生涩，那么下面这句话可以作为一个简单的总结：

"理解在于关联，理解是建立在自己的真实感知之上的、反映客观实际的多样性关联。"

4.4 机器学习获得的"统计性理解"

在对人的理解做了一番比较深入的讨论后，我们来看一下人类创造的"外意识"在"理解"的道路上到底走了多远，以及未来的前景如何。

2022年以ChatGPT为代表的大语言模型的出现，再次引发了对机器是否拥有了意识或理解能力的大规模讨论。

目前包括大语言模型在内的机器学习方法，接受的都是人类为其提供的用文字符号表达的内容，所以即使它有了某种"理解"，也仅仅存在于文字符号这个抽象层面，无法建立最为关键的回归关联——这被称为人工智能的"符号落地"问题。基于多种传感器构建"具身智能"的努力，包含了建立如图4-6中所示的回归关联的意图。但是因为我们没有关于意识活动的基础科学理论来支撑这些努力，所以借助"具身智能"建立回归关联或实现"符号落地"的目标是否现实以及能走多远，还有待于人们在实践中探索，难以做理论上的分析推断。

我们目前能够下的结论是，从人类理解的本质来讲，基于对文字符号做信息处理的机器学习算法，还不具有与人类一样的理解能力，因为它对这个世界是没有自己的实在感知的，无法建立回归关联。

那么，包括大语言模型在内的机器学习算法在抽象的文字符号层面建立了某种关联吗？答案显然是肯定的。机器学习最典型的特点就是它能够发现与建立信息之间的相关性，这几乎就是它的全部功能。但这种相关性关联与人类在理解时依靠的反映客观联系的关联有所不同。机器学习是基于对人类生成的内容做文字符号层面的统计处理来确定文字符号或符号串之间的概率性的关联关系，据此给出相应的输出结果。这种文字符号之间的相关性并非人类在理解层面形成的相关性,而是人类在用文字符号来表达自己想法时,在形成的文字符号表达中所呈现出来的一种表层关联性。

以生成式大语言模型为例,它对用文字符号表达的内容在文字符号层面做概率性相关统计分析,进而通过文字符号之间的关联关系,在概率意义上掌握这些文字符号表述,即学习样本所反映的文字符号的语法规则、排列习惯及体现不同具体内容的组合方式等"知识"。最后模型以此为基础,通过自回归的方式来完成"内容生成"任务。

这种依靠统计获得的文字符号之间的关联关系,是一种符号层面的表象关联。之所以说它是表象关联,是因为文字符号的组合是其表述的内容的外在形式,并不能简单地等同于内容本身,所以才有"言外之意""字面含义"等说法。不同的文字符号组合可以表达同样的内容,同样的组合也可以表达完全不同的内容。因而符号层面的关联并不完全等价于内容层面的关联。但与此同时,形式与内容终归有着统一的一面。所以这种统计关联,与人类在抽象知识层面依据内容与客观逻辑形成的关联会有相通之处,尽管它们并不完全相同。

人类在做文字符号表达的时候,基本的逻辑是先做"构思"——捋清要表达的内容,确定要使用的表达方式,然后根据文字符号所代表的现实意义,按照语法规则形成最后的表述。当然这只是一种大略的描述,上述过程常常包含非逻辑性的潜意识过程,并没有严格清晰的阶段划分。在这个过程中，"构思"是基础与起点，最终形成的文字符号表述是结果。而且人类在这个过程中还有"反思"——基于"构思"去斟酌修改已经形成的表述，让其能够更好地反映自己的想法。

大语言模型是不存在"构思"这一关键环节的，当然也就不存在"反思"的过程。它通过所谓的"自回归"过程来产生输出，即利用过去已形成的输出及其掌握的概率性关联关系去推算下一步的输出。这个过程无须"反思"的参与——它没有"反思"的参照物。这是它与人类在生成文字符号表述时的一个本质差异。

它以得到的输入为起点，利用从学习样本中学习到的各种概率性的关联关系，借助"自回归"按照顺序一步步以"码字"的方式给出相应的输出。在每一个步骤中，模型都是依据它从海量样本中习得的大量统计关系，根据其得到的输入，以及它已然生成的字符序列去生成新的字符。由于其学习样本规模巨大，因而"见多识广""熟能生巧"，使得其输出在形式上可以很好地符合人类的表达习惯；同时根据其学习到的文字符号之间的相关性关联关系，在其输出中还会含有许多来自其学习样本中表达不同内容的文字符号的组合。所以虽然它没有像人那样的"构思"过程，可它也并非言之无物或凭空编造，而是通过文字符号间的关联关系把学习样本中的许多内容有序地、一步步地组合在一起。这是"自回归"机制"自己思考"的方式。它从接受的问题出发，通过这种"思考"方式生成了看上去含义丰富、内容完整的输出。由此让许多人以为它是以与人类类似甚至相同的思维方式生成那些文字符号表述的。

如果仅仅从语言表达的层面来看，大语言模型可以给出相当好的结果，其表达相当顺畅，说的都是"人话"；但如果我们从深层含义的角度来看，情况就变得复杂了。它有时会给出令人满意的答案，即它给出的结果比较好地符合人类的理解认知；有时则会出现困难，甚至给出的结果让人感到莫名其妙，即出现所谓的"幻觉"。这种"幻觉"并非是因为它走了神，而是因为它"思考"的底层机制与人类思考的机制很不相同。它按照自己的机制给出的一些结果对人类而言如幻觉一般，而站在它自己的角度却是理所当然的。所以即使对一些我们看上去比较简单的问题，一旦这些问题没有被包含在其学习样本中，它也可能出现根本性的混乱或错误。

比如曾有人问："大象与猫哪个大？"大语言模型回答："大象大。"但当被问到"大象与猫哪个不比另外一个大？"，大语言模型则回复说："它们哪个都不比另外一个大。"（见"Stuart Russell专访：关于ChatGPT，更多数据和更多算力不能带来真正的智能"，微信公众号："机器之心"，2023年2月20日）如果这个回答是人类做出的，我们会说这个人在回答问题时"没走心"。这个例子很清楚地表明，因为大语言模型仅仅学到了文字符号层面的概率性统计相关关联，在面对这个用不太常见的方式表述的问题时，它基于自己学到的统计相关性给出的文字表达便无法与人类的期望相符，即不符合人类的理解。

而且目前大家公认大语言模型的推理能力很弱，对于稍复杂一点的逻辑关系就无能为力。这正反映了它依靠文字符号表述层面的统计相关性关联，仅仅能够反映语言表述的浅层含义，却很难掌握文字符号表述的内容，包括其中蕴含的复杂或深层逻辑。

而它在什么问题上会犯什么性质的错误，是我们难以预计的。原因就在于它在做关联组合输出时，仅仅依据学习到的统计性关联，而并不像人类那样基于内容含义去表述。对大语言模型能力与局限的分析，还是应该注重其底层算法所采用的机制，不能仅仅依靠测试输出结果去论证。对于大语言模型而言，由于其面对问题的开放性，根本不存在对其做哪怕是比较充分的测试的可能性。

或许有人会说，人同样要犯各种错误，大语言模型犯一些错误有什么大不了的？这里面有两方面的问题。一个是我们对自己创造的工具犯错误的不可预测性能接受到什么程度？另一个是人确实会犯错误，但是人犯错误具有相当的可预测性。比如一个在某个领域的高水平专家，他在这个领域犯简单低级错误的概率必然非常小。可预测性对于人类来说是非常重要的。

通过上面的分析，我们可能就比较容易理解麦克·卢基德（Mike Loukides）的这句话的含义了——"It is a language model, not a 'truth' model. That's its primary limitation: we want 'truth', but we only get language that was structured to seem correct."（它是一个语言模型，而不是关于"真理"的模型。这是它的基本局

限：我们需要"真理",但是我们得到的仅仅是看上去好像没有问题的语言表述。)(摘自 *What Are ChatGPT and Its Friends?*,第8页,O'Reilly Media, Inc.出版,2023年3月第1版)

如果一定要把人工智能这种基于统计的在文字符号层面建立的关联与原本仅为人类(或许还包括一些其他的高级生命)的内意识所独有的"理解"联系在一起的话,我们应该可以合理地称之为对抽象知识的"统计性理解"。

放在人类的智能这个参照系中来看,这种基于对文字符号的统计性掌握而获得"理解"的过程,大体相当于人类"以文解文"的"望文生义"。这并非简单的贬低,因为对相对简单直白的表述而言,"望文"是可以正确地"生义"的,所以大语言模型在很多情况下产生了惊人的效果。当然对于那些比较复杂的或包含"深义"的表述,仅靠"望文"就会出现偏差,甚至南辕北辙。这是"统计性理解"在对文字符号所表达的内容的"理解"方面难以跨越的局限。这个局限是由其"统计性理解"的基本机制带来的,恐怕无法靠继续提升模型与学习样本的规模去克服。

统计性理解的另外一个横向广度上的局限是前面对统计算法进行分析时指出的,它无法超越学习样本所蕴含的信息,即统计方法是"就事论事"。这是由信息的本质与统计方法所依靠的基本计算机制决定的。提升模型与学习样本的规模可以不断扩大"就事论事"的范围,但模型依然不可能获得学习样本外的新信息。

与人相比，机器学习的"统计性理解"大体相当于图4-7中的"了解"状态。机器学习对知识的理解是基于表层相关性关联的，缺少人类可以利用的深层逻辑性关联；但是机器学习可以在很多不同知识之间建立起大量的关联，不存在孤岛问题。所以与图4-7中人的"了解"状态相比，机器学习的深度不足但广度占优，而它与人的"了解"状态都缺少最为关键的回归关联。所以我们可以认为它们彼此大体相当。

从这个角度来看，"外意识"在迈向"理解"之路上，确实已经取得了惊人的进步。它依靠基于暴力计算的统计方法成功地跨越了人类意义上的从"知道"到"了解"的鸿沟。但下一个鸿沟——从"了解"到"理解"的挑战难度可能需要数量级的提升。就好像人类登上月球与走出太阳系的难度有着天壤之别。

相对于"统计性理解"，人类的理解属于"本质性理解"——它包括由被理解的文字符号表述承载的内容意义蕴含的各种不同性质的关联。这种理解不是望文生义的产物，而是深思熟虑的结晶。事实证明，从实际应用的效果来看，这两者有很多交集。在相交的部分，人工智能给出的结果与人类的理解相一致。这也符合人类的经验：在比较简单的问题上，我们很难看出"望文生义"与"深思熟虑"的不同。这就是生成式大语言模型引起巨大反响的原因。但毕竟大模型的"理解"与人类的理解在基本机制上截然不同，面对复杂的问题时，两者的差异就会越来越明显地展露出来。所以我们不能因为它们的效果彼此看似有交集，就将两者简单地混为一谈。

如前面几节的分析，文字符号表述蕴含的意义，在本质上存在于它们与实在感知的关联之中。目前的"外意识"不论采用什么样的统计算法，还都是在图4-6中的文字符号层面做表面文章，所以不论它给出来的结果看上去如何精妙，它其实都没有真正理解文字符号所要表达的人类认知层面的意义。

所以有学者认为大语言模型不懂概念，只懂概率；不懂逻辑推理，只懂概率计算。这个说法有些过于简单化，或许下面这个表达更准确一些："它是依靠相关性概率去'把握'概念，用相关性概率计算去'拟合'逻辑推理。"我们不能脱离文字符号及其组合的真实含义，认为语言表述中的概率性相关关系便承载了它所表达的一切，包括其所携带的本质含义。依靠相关性概率去理解概念属于"望文生义"；而在"望文生义"的基础上，用概率计算去"拟合"逻辑推理，则会不确定地产生逻辑性错误，包括"推理"过程的逻辑不一致等现象。这些都是统计方法所固有的问题，无法依靠增加学习样本或加大模型规模来消除。

苹果公司的几位研究人员在2024年10月公布了他们对大语言模型逻辑推理能力的测试结果。他们使用的测试集是GSM-Symbolic，仅仅包括相对简单的小学算数问题，其中每一步计算都是基本的算数操作。他们用这个测试集测试了多个目前最新的开源与闭源的大语言模型。

在文章的摘要里他们写道："我们的发现揭示了在用不同的词语

表达同一个问题的时候,大语言模型的表现有显著变化。特别值得指出的是,当测试集GSM-Symbolic中的问题仅仅有数值上的变化时,所有被测试的模型的性能都会下降。而且,我们考察了这些模型在数学推理方面的脆弱性,发现当问题中的表达语句增加时,模型的性能急剧下降。我们推测,这种性能的下降是因为目前的大语言模型并不具有真实的逻辑推理能力,它们仅仅是在试图复制其在训练数据集中看到的推理步骤。当我们在问题中增加一个与得到最后结果的推理过程并无关系,但是看上去似乎与要回答的问题有联系的语句时,我们在所有最新的模型中都观察到了显著的性能下降(最大可达65%)。从总体上来说,我们的研究为大语言模型的能力与其数学推理的局限性提供了更加细致的理解。"(见"GSM-Symbolic: understanding the limitations of mathematical reasoning in large language models",arXiv:2410.05229 [cs.LG])

由于生成式大语言模型给出的是自然语言回答,所以它输出的内容,并不总是简单地对错分明,其中会包括大量模棱两可或似是而非的说法。这必然导致不同的人对大语言模型的"理解"能力给予很不相同的评价。我们不难推测,这种评价大概率将与评价者自己的理解能力呈负相关。即自身理解能力越差,对大语言模型的主观评价就越高,反之亦然。

而理解属于意识活动,我们还没有办法设计一个完全客观可行的测试方法,来测试不论是人还是机器的理解能力。有人根据2024年初面世的视频生成器Sora的一些输出结果,便下结论说它已经从对视频的统计分析中掌握了物理定律。如果这不是刻意的商业炒作,则十分典型地反映了评价者自己在理解能力上的局限性。如果说大语言模型是"望文生义",那么建立在统计方法之上的视频生成模型,则本质上是在"照猫画虎"或"照葫芦画瓢",而非基于物理定律创造内容。仅靠对视频图像的统计处理应该无法掌握深藏在其背后的物理定律,否则以牛顿为代表的伟大物理学家们的贡献的价值就要被打上大大的问号了。

或许有人会说:既然机器学习可以从文字符号的表达中相当完整准确地学到其背后的语言规则,那它为什么不可以从视频图像反映的真实过程中学到其背后的物理规律?文字符号的表述直接基于语言规则,文字符号之间的关系直接反映了语言规则,但是视频图像的变化与背后的物理定律之间则存在复杂的多重因果作用链,并非直接耦合在一起。所以即使图像信息完整地反映了真实过程,恐怕也很难根据图像要素间的统计关联推断出在其背后发挥作用的各种物理规律。这需要透过重重现象看到背后本质的卓越能力,即前面讲过的与统计很不一样的"洞察"能力。正因为如此,牛顿和爱因斯坦的贡献才弥足珍贵。

还有人强调,机器没有必要按照人的思维方式去"思考",它们完全可以有自己的思维方式、自己的"理解"、自己的逻辑等。事实上,人类创造的工具在很多情况下,确实都是按照自己独特的方式运行的,在物质性工具与技术的时代便是如此,最为经典的例子就是车轮。而计算机从一开始做很多事情的方式也都与人类的不同,人类大脑中就不存在一个关系型数据库。所以"外意识"有自己独特的不同于人的工作方式,这既不是问题,更是早已存在的事实。

问题在于,我们创造的工具是服务于人类的,所以我们必然要关注它用自己的方式产生的结果是否符合人类的期望。而在这个问题上,理解它运行的基本原理就变得十分重要了,我们不能仅仅看它给出的结果,因为我们需要它的行为在未来具有可预测性,我们才能放心地使用。

这曾经完全不是问题。那时"外意识"完全按照人类设计的显性逻辑循规蹈矩地运行。但是当 AI 技术在暴力计算的支撑下发展到了"不可解释"的阶段后,理解它就变成了一个人类必须面对的大问题了。如果我们无法预计一个工具在什么时候、在什么问题上会给出什么样的与我们的期望不同的结果,每一次都要等到结果出来后才能判断它是否符合我们的期望,它就是一个无法让人放心使用的工具了,甚至可以说失去了一个工具在传统意义上的基本价值。

比如,如果我们期待"外意识"具有理解能力,这个期待中固有的假设就是它理解的结果与人类是一致的,即机器的理解过程可以与人类不同,但是在结果上必须与人类等价,否则它就无法满足人类的这种期待。要想证明这个等价性,则必须去理解它的"理解"过程,而不能仅仅靠其产出的已有结果,通过枚举法来确认。而我们已经知道,目前机器学习"望文生义"的"了解"与人类"深思熟虑"的理解是无法完全相提并论的,仅仅在一些产出上可能相同或类似。

而部分产出的相同，并不能成为我们"放任"机器学习在与人类不同的"理解"之路上狂奔的理由。如果一个 AI 系统给出的很多答案，其逻辑在人们看来无法理喻，即使你能证明它非常符合 AI 自己的"理解"，这样的系统输出对于人类来说也没有多大意义。

我们固然可以依靠信仰，将一项技术发挥到极致，就像当年辛顿等人所做的那样，但是我们却无法依靠信仰，让一项技术去做我们期望的，却是它力不能及的事情。每项技术都有其能力的边界，认识这个边界对于人类的努力有重要的意义，可以极大地减少我们的盲目性。一项技术的能力边界可以通过理论分析确定，也可以通过实践摸索发现。而现代科学的强大，就在于可以从一般性原理出发，确定技术方法的能力边界，所以我们才走出了传统的依靠实践摸索掌握经验技术的工匠时代。今天，在"外意识"领域，我们不能仅仅满足于实践摸索。努力获得对机制原理的认识，对"外意识"的进一步发展具有重大的意义。

那么，是否可以通过持续地增大模型的规模，进而统计更多的数据，让模型生成的基于表象的统计性理解无限逼近人类的本质性理解呢？也就是说，在"理解"这个问题上，是否也存在一个类似于概率统计中的"大数定律"——只要样本足够大，统计结果就可以无限逼近现象背后的概率分布？

这种可能性相当小。

首先,我们没有这方面足够的实践可以证实利用统计方法能够实现我们期望的理解。人类已有的实践告诉我们:

表象经验单纯在数量上的积累,即使再多也完成不了质的飞跃,无法形成对背后本质的洞见。

或者说,如果没有深思熟虑,"望"再多的"文",也"生"不出深刻的"义"。

其次,对抽象知识的关联关系的掌握,不同于传统数理统计中对简单事件的概率描述。在传统数理统计中,我们统计的是性质一致的简单事件,并且找到了许多不同情况下理论上的概率分布。而对于抽象知识的关联关系,因为我们面对的是大量性质不同的复杂事件,所以没有办法用简单的类似概率分布的方式来描述。我们现在使用的算法也不是在直接统计人类理解过程内部的本质性关联,而是在统计文字符号之间的相关性。所以用概率统计中的"大数定律"来做类比,预言基于统计方法的人工智能可以实现对文字符号背后的深层意义的"逼近"并没有什么依据。

最后,目前包括大语言模型在内的人工智能使用的统计模型都是经验性的。经验的有效性具有很大的局限,有其扩展的边界。实践告诉我们,基于经验构造的系统,其复杂功能的规模性扩展是有限的。比如,仅仅凭借经验,人类可以建造规模宏大但结构功能相对简单的金字塔,然而古代再出色的能工巧匠恐怕也修建不了迪拜哈利法塔那样的建筑。相信统计模型可以因为规模的持续扩展，而不断"涌现"出更多"理解"上的奇迹，不仅没有理论的支撑，也缺乏充分的实践依据。

所以，《人工智能：一种现代的方法》（*Artificial Intelligence: A Modern Approach*）一书的作者之一斯图亚特·罗素（Stuart Russell，加利福尼亚大学伯克利分校现任计算机科学系教授、人类兼容人工智能中心主任）对基于深度学习的大语言模型有如下的评论："（大语言模型）看起来聪明是因为它有大量的数据，人类迄今为止写的书、文章……它几乎都读过，但尽管如此，在接受了如此巨量的有用信息后，它还是会吐出完全不知所谓的东西。所以，在这个意义上，我认为大语言模型很可能不是人工智能的一种进步。我们所谓进步的唯一方法是——模型不好使？好吧，我们再给它更多数据，把模型再做大一点。我不认为扩大规模是答案。"（见"Stuart Russell专访：关于ChatGPT，更多数据和更多算力不能带来真正的智能"，微信公众号："机器之心"，2023年2月20日）

事实上，大语言模型到了目前的规模之后，已经出现了可靠性下降的问题。2024年，《自然》杂志发表了相关的测试结果。测试对象包括OpenAI的GPT大模型、Meta的Llama大模型，以及AI研究组织BigScience推出的BLOOM大模型。下面是该论文的摘要：

"目前为了让大语言模型更强大与更适用的流行方法，就是不断地扩大其规模、数据量与投入的计算资源，以及各种定向调整的措施。但是，规模更大、人工调整更多的大语言模型可能会变得更不可靠。通过研究几类大语言模型在难度协调、任务回避与稳定性提升之间的关系，我们发现对于人类参与者来说简单的事例，对于这些模型而言也同样简单，但是那些提升了规模与人工调整的模型并不能保证在低难度的问题上不犯人类可以发现的错误。我们还发现，早先的模型常常会回避一些使用者提出的问题，但是提升了规模与人工调整的模型却通常倾向于给出看上去合理，实际上却不正确的回答，包括一些在困难问题上出现的、常被监督人员视而不见的错误。我们进一步发现，增加规模及人工干预调整确实提升了模型在面对用不同的自然语言描述的同样的问题时的稳定性，但是在各种不同难度的问题上，模型的表现始终存在起伏。这些发现彰显了在设计开发通用人工智能的时候，有必要做一些根本性的改变，特别是在那些强烈需要可预测的错误概率分布的高风险领域。"（见 "Larger and more instructable language models become less reliable"，发表于 Nature 杂志，2024年第634卷第61到68页）

"外意识"要跨越从"了解"到"理解"的鸿沟，可能需要当下主流认知之外的思路，而不是一味依赖扩大规模、增加算力。人们总是对已经取得一定成功的主流手段有一种近乎迷信般的执着，但每一次关键的跨越常常都发生在当下的主流认知之外。

在辛顿等人的长期顽强坚持下，基于暴力计算的统计方法出乎主流认知意料地担当起了实现人工智能当前这个跨越的重任。近期杨立坤被众人攻击，便是因为他认为当下众人狂热追捧的自回归生成式大模型之路将要走到尽头，人工智能要继续发展，应该走一条新路，这也是他正在进行的探索。持这种观点的学者并非只有他一个。

人类执着地试图造出与自己有着同样智能的机器，或许根植于人类自己对成为"造物主"的强烈渴望。暴力计算的出现让这个愿望显得比以往任何时候都更加具有可实现性。有一位国内的学者针对当前依靠"堆算力"来解决问题的局面写了一段有趣的评论："目前这种状况下，这种领先是极其不保险的，因为说不定突然某一方祭出一个逆天的算法，就会一下改变整个战局。如果真是这样，确实很戏剧性，也很悲壮，因为一方可能刚刚投入巨额资金去扩充算力，谁知另一方捣腾出一个新的算法，竟能达到类似的效果，却只需千分之一的算力。所以，未来几年会非常好玩。"

然而由于人工智能缺少理论基础，所以对于未来的所有判断也都仅仅是一种猜测。最终只能由实践和时间给出答案。

如果我们放开视野去观察，就会发现或许还有另外一种可能，即"外意识"的发展止步于"了解"与"理解"间的鸿沟，不再狂热地模仿追赶人类已有的能力，转而以自己不同于人类的独特长处，大力创造自己与人类互补的价值，以此对人类的发展做出新的巨大贡献。毕竟在人类的历史上，有许多曾被认为理所当然而被无数人孜孜以求的目标，虽历经千年却依然希望渺茫，比如修炼成仙或长生不老。

4.5 "外意识"的感性与理性认知

在前面的分析中我们看到,大语言模型通过对学习样本在文字符号层面的统计规律确实形成了自己的统计性理解。那它们除掌握了纯形式化的符号字符间的概率相关性,还获得了哪些高层知识?如果有的话,它们在模型中,或者说在这个"外意识"中是以什么形态存在的?它是否能够直白地告诉我们,或者说我们是否能够直观地看到它到底了解了什么、掌握了哪些知识?

由于以深度学习为代表的统计算法模型具有"不可解释性",所以上述问题的答案是:不能。

如果将大语言模型与人类的意识活动做个有趣的对比,我们不难看出,依靠深度学习的大语言模型所了解和掌握的内容如果存在的话,也是以"外意识"的"感性认识"的形式存在的。

之所以将这种统计性理解形成的"认识"称之为"外意识"的"感性认识",是因为它在算法中是分散、隐性地存在的,没有形成显性的以文字符号为基础的形式化表示。它没有形成用文字符号表达的明确的知识,而是以参数+模型结构的形态存在,只有在使用时才能间接地感受到它的作用。

统计性理解形成的这种感性认识有其明显的局限性。首先是它不可传递，因为没有显性的认知存在而无法被剥离出来。如果要传递，也只能是以参数＋模型的整体方式进行，所谓"迁移学习"就是以这种方式进行的。其次，无法对其做解析分析，不能从理性逻辑的角度去分析这种认识的合理性与正确性。这些特征与人类的感性认识都非常类似。

我们把人类的认识分为感性与理性，就是因为理性认识是可以用文字符号等形式化的方式清晰地表达和传递的，具有明确的、人可以理解的意义，而感性认识却做不到。个人的感性认识几乎无法直接传递，因为我们无法将自己的参数与模型整个打包发送出去。

理性思维能力，是人类文明发展的重要里程碑。它让人类的知识从此有了持续不断地传承、积累的可能性。从对事物的感性认识上升到理性认识是一步非常重要的跨越。人类的知识积累、一代代人认知的不断深化，都依赖于理性认识。这也是近现代科学得以历经四百年发展获得今天这样辉煌成就的必要基础之一。

事情对人类自己大脑中的"内意识"是如此，对人类创造的"外意识"呢？把自己学习到的内容，用人类可以理解的显性方式呈现出来，让它变成"外意识"的理性认识，是不是未来机器学习需要走出的具有决定性意义的一步？

显然，如果"外意识"能够做到这一步，将是一个质的飞跃。

这将带来不可估量的影响，要比它像现在这样不明不白地"学会"各种新"技能"要重要得多。把"外意识"的感性认识变成理性认识会让我们对统计性机器学习的方法有更深刻的理解，从而有望更有方向性地提升它的能力，开发新的机器学习算法；这也能让机器学习的结果在更多的方面起到更大的作用，成为人类知识宝库的重要补充来源之一；还可以让人类的内外意识更加密切地融合在一起，进一步提升人类整体的智慧能力。

这是一个巨大的挑战。目前在人工智能领域内的许多研究工作，包括对统计性机器学习的可解释性研究都与此密切相关，但一直没有取得实质性的突破。

那么，"外意识"是否与人类的内意识一样，也是先有感性认识，再有理性认识的？如果我们脱离目前基于统计的人工智能的视角，就很容易看到"外意识"走了一条很不相同的路。它是先有理性认识，然后才发展出感性认识的。

"外意识"在诞生之初，一度非常"理性"，直到"暴力计算"的出现才打破了这个局面，让它开始变得"感性"起来。

从计算机诞生到这一轮人工智能热潮兴起之前，"外意识"都是人类理性创造的产物。人类将自己的理性认识注入"外意识"中，转化为它自身的逻辑，让其清晰地按照这种理性认识去完成各项任务。虽然这些理性认识不是"外意识"自己产生的，但是这种做法确实让"外意识"从人类那里获得了大量的对这个世界的理解，然后按照这些理解、按照人类的理性认识去循规蹈矩地劳作。即使在深度学习让"外意识"可以自己产生出人预料的各种"感性认识"之后，业界依然有一个说法："有多少人的智能，就有多少人工智能。"显然这个时候人们依然认为人类注入"外意识"中的理性认识是起决定作用的因素。

自"深度学习"大获成功，特别是大语言模型惊艳亮相后，许多人的态度发生了转变，认为只要任由基于统计的"外意识"的感性认知能力在"暴力计算"的推动下继续发展下去，通用人工智能的实现便指日可待。人类很快就无须再费心耗神地将自己的理性认识注入"外意识"，甚至有人坚信目前人工智能产生的认知已经不逊于人类，人类应该放下身段，更不必再自作多情地去充当"外意识"的导师。

面对这些观点，我们退后一步，就会发现一个非常有趣的现象。

每个人自出生后，便耗费大量的精力去学习各种知识，形成自己的内意识所拥有的对这个世界的理性认识。这个过程如此费力耗神，以至于在电子技术出现后，人类就有了一个梦想：是否可以有一种外部注入的方式，将人类积累的宝贵知识一次性地加载到我们大脑的内意识中，从而让每一个人都能节省下用在学习上的大量的精力与时间？这个梦想一直遥不可及，却始终萦绕在我们的心中。

可是对于"外意识"而言，这根本就不是问题。它自诞生之日起，就是依靠接受人类理性认识的注入而发挥作用的。可是到了今天，人们却希望不再这样，而是让它自己去费力耗神地"学习"，尽管产生的仅仅是初级的感性认识。

这两种看上去截然不同的态度，背后应该是同一个出发点：让人类自己省事。毕竟"外意识"自己学习虽然要消耗大量的资源，但主要耗费的不是人类自己的精力。不过这个出发点却无视了一些最基本的客观事实。

在人类真正掌握意识活动的基本规律之前，仅仅靠"外意识"自己获得感性认识，恐怕远远不能满足人类的需求，也远远不能发挥出拥有了"暴力计算"能力的"外意识"的巨大潜力。

在20世纪80年代，美国用当时的超级计算机实现了对一些物理过程的模拟仿真。在报道中，公布了一颗子弹斜着射穿钢板全过程的计算机模拟结果及真实射击的照片。在文章给出的多张对比图片中，不论是钢板还是子弹发生的变形，计算机仿真的结果都与真实照片高度地相似。今天，随着"暴力计算"时代的到来，做这类模拟仿真的CAE系统，依靠人类注入的物理学等领域的知识，可以在普通的服务器上高度逼真地复现各种物理过程。人类知识的注入，让这类"外意识"真正理解掌握了物理定律，对生产生活发挥着非常重要的作用。

或许有人会质疑："靠人类的强行注入也能算机器有了自己的理

解吗?"如果这不算的话,那么我们为什么期望有朝一日在自己的脑袋上接上一些电极就可以把知识输入到我们的内意识中,而免去我们自己的学习之苦?对于习以为常的事情,我们常常反倒没有能够看清其真实面目。

对比之下,被有些人称为"世界模拟器"的视频生成器Sora依靠惊人的算力消耗,也仅仅以"望文生义"的方式生成了一些在视觉效果勉强可以乱真的视频。它对物理世界基本规律的"理解"和"掌握"与CAE系统相比,有着天壤之别。

培根曾经说过一句影响深远的话:"知识就是力量。"这句话里的"知识"是指理性认识的结果。理性认识的力量是远远高于感性认识的。对"外意识"也是如此。

在可预见的未来,以人类的理性认识注入为主,以自己的感性认知为辅,应该依然是绝大多数"外意识"发挥各种功能作用的基本模式。我们后面还将深入讨论这个问题。"外意识"摆脱对人类理性认识的依赖而靠自己的认知能力去独闯天下的日子还遥不可期。当有一天"外意识"具有了普适可靠的理性认识能力的时候,我们再来谈论通用人工智能,可能才会有比较充分的依据。

我们自古就有个习惯,将自己的想象投射到自己的创造物上,然后跪倒在其脚下顶礼膜拜。哲学上有一个描述这种现象的专有名词叫"异化"。我们曾经认为这是愚昧所致,其实不然。在科学高度发达的今天,当"暴力计算"让我们成了虚拟世界中货真价实的造物主,这种对人类自己创造物的崇拜以及它带来的恐慌反而更加严重。

要摆脱这种非理性的异化梦魇,深思熟虑而非望文生义地去透彻理解我们的创造物可能是唯一的出路。随着我们的创造物越来越复杂,特别是在它还没有清晰的科学解释的时候,理解的难度也在不断加大。这是人类成为"上帝"后自己给自己设置的挑战。

在深入到相对微观层面,讨论了"外意识"的算法本质与"理解"是什么之后,让我们跳出这些底层细节,从现代科学与技术发展的大背景出发,从几个不同的宏观角度来审视一下"外意识"该如何进一步发展,以及我们如何面对它带来的挑战。

5

"外意识"如何走通科学之路

5 "外意识"如何走通科学之路

对意识性技术与工具而言，2010年跨过"暴力计算"的门槛，犹如经历了"第一次工业革命"。历史上的第一次工业革命让物质性工具发展到了以能源动力驱动的阶段，"暴力计算"则为意识性技术与工具提供了可以满足普遍需求的强大计算能力，导致了进入21世纪第二个十年后信息技术产业的蓬勃发展，让许多人对其未来前景充满了浪漫的想象。

但是"暴力计算"与工业革命有一个根本性的差异。在工业革命前，描述物质世界基本规律的现代科学已经发展起来了。它给工业革命后物质性技术与工具的发展提供了坚实的理论基础与有效的方向指导，使其发展不仅充满了勃勃生机，而且有据可依。比如俄罗斯科学家康斯坦丁·齐奥尔科夫斯基（1857—1935，现代宇宙航行学的奠基人）早在1903年到1914年间，便根据力学定律与化学研究的成果论证了喷气工具用于星际航行的可行性，推导出了著名的齐奥尔科夫斯基火箭公式，为人类航天事业奠定了理论基础、指明了技术路径。在他出生100年、去世22年后,苏联将人类第一颗人造卫星送入太空,人类从此进入了太空时代。

"暴力计算"的出现,也是物质性技术发展的重要成就。但是,就"外意识"本身来看,"暴力计算"的出现并没有解决意识活动的基本科学原理问题,仅仅是给"外意识"提供了强大的基础计算处理能力。缺少基本科学原理的"外意识"依然只能依赖现代工匠技艺踯躅前行。近年来风光无限的大语言模型其实也只是现代工匠技艺的产物。

在"暴力计算"的推动下,缺少基础性科学原理的"外意识"的发展之路该走向何方,是一个远比物质性技术与工具如何发展更加具有挑战性的问题。首先,我们自然关心人类是否能够发展出一套关于意识活动基本规律的科学原理。国内外许多学者一直致力于此,更有人在努力建立不同于物质科学的"新范式",以期为意识活动的科学原理提供一个基本框架。

这些努力不是在已有的科学领域内解决某个具体的问题,而是致力于从如何定义基本概念、发现基本原理开始建立关于意识活动的科学理论。所以或许我们首先应该回过头来看一下现代科学是如何从零开始发展起来的、新的科学范式是如何建立的,进而分析一下现代科学迄今依然无法解决的那些重大问题背后可能的障碍。从中我们或许可以获得一些有益的启示,以免在未来"外意识"的发展中做盲目无效的工作。

5 "外意识"如何走通科学之路

5.1 历史的借鉴：科学的起步与新范式的构建

约两千五百多年前，东方世界和西方世界几乎同时出现了一批思想家：孔子，释迦牟尼，穆罕默德，苏格拉底……后人给他们的"专业"按照现代的语境做了划分：有人成了教主，有人成了哲人，还有人成了教书先生。其实他们基本都是杂家——庞杂的学问家。

那个时候人类心智初开，有太多的问题困扰着人类。所以这些思想家探讨的话题包罗万象。在约两千三百年前的战国时代，屈原在其著名的《天问》诗篇中一口气连续发出了170多个疑问：从天文到地理，从神话到现实，从自然到人文等，蔚为壮观。

面对这些困惑，有闲又足够聪明的人士以自己的经验、想象与思辨给出了各自的解释。对于心智未开的芸芸众生而言，相比经验和想象，思辨显得更加有说服力或者说魅惑力。听者即使不知所云，也倍感言说者的深奥而崇拜有加。由此，思辨便成了智者们的利器。思辨获得了辉煌的成就，形成了今天所说的古典哲学，但也仅此而已，其对现实的作用十分有限，并没有实质性地加速人类的发展。而且思辨也产生了大量的思想垃圾，如各种歪理邪说。

如此云山雾罩了两千年后，西方终于有人对没有尽头的徘徊踟蹰失去了耐心，决定离经叛道，把思辨留给哲学，放弃对综合性、宏大与终极问题的纠缠，转而选择从相对单纯的物质世界的细微处着手，走实证之路。这是人类文明史上具有决定性意义的一次认知方式的突变。这种突变没有发生在东方，有着多重的原因，其中东方传统的整体观或许起到了很大的抑制作用。

西方一批智慧而勇敢的叛逆者，放弃了思辨这条两千多年来无数聪明人士赖以功成名就的康庄大道，告别了哲学的高贵及宏大叙事，开始了卑微而艰辛的探索之旅，由此孕育了现代意义上的科学，让关于物理世界的知识成了改变人类命运的强大力量。

科学诞生自与传统哲学的告别，科学的力量根植于这场告别，科学的发展也受限于此。面向"外意识"未来的科学发展之路，深刻理解这场告别具有特别重要的意义。

这场历史性告别，让从伽利略、牛顿开始，直到爱因斯坦和玻尔这些科学的巨人头上，几乎都见不到"哲学家"的桂冠了，虽然不断有人去研究他们的"哲学思想"。牛顿的著名著作《自然哲学的数学原理》使用了"自然哲学"这个词，也只是由于科学刚刚起步，还没有形成自己的语言系统。

这场对哲学的告别，带来了三个认知方面的重大变化：

*放弃追问"为什么"，转向描述"是怎样"

"为什么"似乎是具有思考能力的人类天生而自然的疑问。能够做"为什么"的发问，显然是拥有智慧的表现，它驱使我们去探寻世上各种现象背后的因果关系。因果关系蕴含了这个世界的秩序，让这个世界充满奇妙生机而不是一片混沌。人类也不可能从一片混沌中出现。

但是"为什么"又隐藏着一个巨大的陷阱，一个以人类的能力无法跳出的陷阱。在思辨能力的驱使下，"为什么"是可以无穷尽地追问下去的，而人类面对这些追问必有黔驴技穷的那一刻。

以这种方式发问，无异于自己给自己挖坑。沉湎于玩弄思辨的人固然可以在其中自得其乐，但这种追问最终必然走向形而上，并无助于解决现实的问题。

所以站在理智与现实的立场上看，"为什么"不是一个"好"的或者说"恰当"的发问方式。

距今五百年左右，当一批探索者放弃了对"为什么"做形而上的追问，转而走向了对形而下的、真实发生的事情做"是怎样"（或称"是什么"）的描述后，科学开始生根发芽。

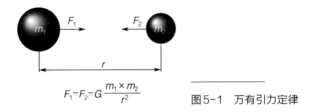

图5-1 万有引力定律

牛顿的万有引力定律定量地描述了两个物体之间的相互作用，但是它并没有解释这种作用是如何产生的，即为什么质量会产生引力。所以据说当年有人对此颇不以为然，认为牛顿并没有解释清楚到底是"为什么"。

或许有人会说爱因斯坦的广义相对论解释了"为什么"：引力来自时空的弯曲。但其实广义相对论与万有引力定律类似，也并没有讲清楚为什么质量会导致时空的弯曲，而仅仅对这种弯曲做了定量的描述。

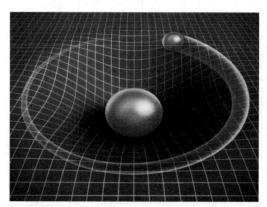

图5-2 广义相对论的时空弯曲

著名物理家尼尔斯·玻尔对于科学是什么有过精辟的论述。玻尔的助手A.皮特森引用过玻尔说过的一段话："不存在什么量子世界。有的只是一个抽象的量子物理学描述。那种认为物理学的责任是搞清楚自然是怎么回事的想法是完全错误的。物理学只关心我们如何描述这个世界。"玻尔的这句话没有任何哲学思辨的玄妙色彩，虽然它出现在《玻尔的哲学》("The Philosophy of Niels Bohr")一文中（见 *Bulletin of The Atomic Scientist*，1963年第19卷，第8—14页）。

所以科学家不指望回答终极的"为什么"，而是仅仅着眼于描述这个世界"是怎样"的。它把"为什么"留给了哲学乃至神学。至于哲学如何通过思辨去解决"为什么"的问题，就不关科学的事了。

放弃"为什么"转向"是怎样"不是从深刻走向浅薄，而是从感性无望的渴求，转向了理性可达的认知。

*放弃复杂宏大叙事，转向可控、可重复的具体现象

追求复杂宏大是人类智能的一种表现。因为思想没有边界，所以可以去思辨任何复杂宏大的话题，这也往往是智力水平的一种直接的体现，因而也就成了许多自视不凡的人的一种本能倾向。

当然这也与人类的直接感受密切相关。我们的生活实践几乎无时无刻不在告诉我们人类是何等的渺小，我们身处的世界是如何宏大而奇妙。试图从宏观整体上把握这个世界，成了人类自然合理的努力方向。两千多年前的智者中许多人在做着这种努力，这也成了哲学的一个基因。"道生一，一生二，二生三，三生万物"便是人类宏大叙事的一个典型。

这种宏大叙事固然气势磅礴，却常常流于空泛而无济于事。所以科学的先驱们转而走上了另外一条路：对这个世界上那些物质性的，可控、可重复观察的具体现象去做研究和描述，哪怕是一些看上去微不足道的现象，也以期有所发现。

两个重量不同的物体从同一高度落下，哪一个会先着地？对于许多人而言这是用脚后跟都能想明白的事情，根本用不上什么复杂的思辨，伟大的先哲亚里士多德对此早有定论——重的那个一定先落地。何况放下社稷存亡、个人生死等大问题，花费心思去研究这样无足轻重的小事不是吃饱了撑的吗？

在1589年到1592年之间，现代科学之父伽利略·伽利雷曾登上比萨斜塔，将两个重量显著不同的铁球同时放下。塔下的人们惊奇地发现两个铁球同时落到地面，与两千年来大家一直相信的亚里士多德的说法不一样！比萨斜塔也因这个实验而名垂青史。

人们常常很难事先预见这类细碎的实验会产生多大的意义。但科学就这样发展起来了，从这些细碎的努力中发展出来的对事物相互作用的描述改变了人类的命运。

如果说在伽利略的时代，科学先驱们的探索还杂乱繁多、看不清头绪，那么20世纪初科学的两次重大突破更能反映出看上去"无足轻重"的问题的重要性。

图5-3 伽利略在比萨斜塔上做自由落体实验

  1900年前后,物理学界普遍洋溢着一种心满意足的乐观情绪。历经400年,从力学到热力学再到电磁学,物理学宏伟的大厦已经竣工。当然天边还有两朵恼人的乌云,一是黑体辐射的"紫外灾难",二是如何解释迈克尔逊-莫雷实验的结果。不过既然那么多的难题都已经完美地解决了,这两个也理应不在话下,解决它们只是时间问题。当时物理学界的一个典型看法是:未来只剩下如何再进一步提高我们对世界的描述的精确度问题,就像增加答案的小数点后位数一样。

  事实证明当初物理学界过于乐观了。这两个看似不起眼的小问题分别引发了颠覆经典物理大厦的量子物理与相对论的出现,进而也颠覆了人类的哲学观念。

我们不能认为这种对"小问题"的研究导致重大突破的现象是一种偶然。这是科学发展的一个基本规律。反之一上来就搞宏大畅想，基本上只会形成一些有名无实的产物。

科学研究不仅要耐得住寂寞，还要甘于从细小卑微之处入手。辉煌的科学大厦、崭新的科学范式，并不是某个知名专家进行顶层规划设计的结果，而是众人"摸着石头过河"逐步探索积累的成就。20世纪初量子力学的发展历程清晰地向我们展示了这一"众人拾柴火焰高"的过程。我们虽然无法复现约500年前科学诞生的过程，但牛顿于1675年在给罗伯特·胡克的一封信中写下了一句著名的话："如果我确实看得更远，那是因为我站在了巨人的肩膀上。"不论这句话在信中处在什么语境下，牛顿后来所建立的经典力学体系确实如这句话所言，是包含了伽利略等众多前人的智慧贡献的。从细小卑微处入手才会打下一个坚实的基础，逐步探索构建我们事先并不清楚其模样的宏伟大厦。

这一原则对于我们建立关于意识活动的科学理论应该一样适用。不从底层细微具体现象入手剖析，而试图从高层哲学性思辨开始构建一套从上到下的有关意识活动的范式或框架，固然可以给人以很多启发，但是恐怕难以产生有实质意义的结果。而陶醉在借助"暴力计算"的迷梦中，依靠现代工匠技艺堆砌越来越庞大复杂的"外意识"算法，可以带来工程成就，但无助于对深层基本规律的认识。

不屑于细小卑微的工作，一味热衷于宏大畅想，我们可以成为

科学成就的欣赏者、赞美者和传播者,却很难成为推动科学发展的探索者。

*放弃悬空的思辨,转向客观精确的观察测量

两个铁球从比萨斜塔上落下,人们不仅看到它们同时着地,还会发现它们下落的速度在不断增加。那么它们的速度是如何变化的呢?

这显然没有办法靠基于经验或先验理念的哲学思辨得到答案,而是必须依赖精确测量才能回答的问题。

客观精确的观察测量,是描述具体现象"是怎样"的基础起点,是现代科学的基石之一。

正是因为第谷做了20多年的对行星运动的精确观察测量,才让开普勒得以抽象出描述行星如何运动的三大定律。开普勒三大定律也是砸在牛顿头上的那个苹果的一部分,让牛顿"顿悟"出了更加普适的万有引力定律。

今天的物理学家们依然围在位于瑞士日内瓦附近的欧洲大型强子对撞机(Large Hadron Collider, LHC)旁,对每一次粒子对撞的结果做各种精确的观察测量,以期从中发现异于现有粒子理论的蛛丝马迹,能让我们对微观世界有新的认知。

客观精确的观察测量是琐碎甚至卑微的工作，远不像哲学思辨那样看上去智慧而深邃。但是没有对具体现象的客观精确的观察测量，就没有现代科学的一切。正是从客观精确的观察测量中，直接或间接地产生出了事物"是怎样"的描述。

其实确定测量什么与如何去测量远不是一件简单的事情。有价值的测量结果离不开对现象背后本质的深刻感受，并需要掌握足够高超的技能。这是一种实在的深刻，而不是空洞的高贵。

400多年前，伽利略在人类历史上第一次提出了"加速度"这个可测的量，并付诸实践。这为动力学奠定了坚实的基础。牛顿第一与第二定律就是建立在这个基础上的。今天习以为常的事情，在它第一次发生时却可能堪称凿空之举。

就人类的意识活动而言，人类对其做了上百年的探究，但迄今没能确定意识活动的基本过程并对其做客观精确的观察测量。这也是我们至今没能发展出一套关于意识活动的科学理论的根源。当然，或许意识活动就不适合用这套针对物质世界的科学方法去研究。但是在此之外，我们确实还没有找到别的适合研究意识活动的有效方法，去构造一套完整的理论。

在这个领域里最为诡异的，是人类自己设计出来的"深度学习"算法，明明是一个彻底的可精确观察测量的"白箱"，却无法有效地建立一个理论去解释它的行为。这其中的关键，恐怕在于我们没能正确合理地确定深度学习算法中关键可测量的量到底是什么,所以无法建立对其行为的有效描述。而深度学习属于人类的"外意识"活动,在这里遇到的困难可能与对人类自身意识活动的认识遇到的困难有某种内在的关系。如何解释"深度学习"或许是打开意识基本原理之门的一条线索。这可能需要超越科学传统框架的突破性思路,比如从探索能够反映其本质的关键变量起步,以小规模网络的内部过程为研究的起点。

我们不能因为尚未找到有效的分析理解深度学习的方法,就把深度学习神秘化,比如给它贴上一个具有玄学色彩的"涌现"标签,或者把它虚无化,声称在算法之外还有更重要的因素决定了它能有如此的表现。科学先驱们面对无法理解的现象,正是彻底抛弃了神秘化与虚无化的立场,采取了理性与实践的态度,才开启了人类的科学之路。

由于没有坚实的科学基础,人工智能领域才成为了一个可供施展各种数学技巧的现代工匠乐园,同时充斥着大量披着科学的外衣、实际上带有浓郁哲学思辨色彩的猜测、推论和断言。在现代科学取得了非凡成就的今天,这里却是一片前科学时代八仙过海、各显神通的热闹景象。

客观精确测量的精神被爱因斯坦几乎用到了极致。他抛弃了先验的绝对时间与空间,发现了时空的耦合、弯曲与相对性,对这个世界的基本情况做出了更加准确的描述。思辨常常或隐或显地以许多先验的认定、理念为依据。如果说牛顿的经典力学还带有先验的成分，比如关于绝对的时间与空间的认定，那么相对论则通过以客观测量来定义包括时间和空间在内的基本物理概念，比较彻底地屏蔽了这种传统的思辨，让现代科学更加远离了"悬空思辨"的哲学传统。

告别了哲学的科学，发展到相对论后反过来对哲学造成了巨大的冲击。如果上升到哲学的高度来看，按照爱因斯坦的思路，我们可以说如果一个概念不能通过客观观察测量来定义，那么这个概念就缺少基本的客观性与现实指导意义。因为这意味着它可以被随意解释，成了一种个人主观看法。

宏大对人类有着永恒的魅力，而现代科学的辉煌成就也激发了一些人构建"自己的"宏大体系的雄心壮志。在这些努力中固然有许多闪光的思考与认识，但是我们也很容易在其中发现基于各种先验理念的、缺少实证基础或实证可能的、不具有实践指导意义的空洞烦琐的思辨。所以，充分理解科学起步时与哲学的告别在今天具有特别重要的现实意义。

我们终归是凡夫而不是上帝。约五百年前科学与哲学的告别，揭示了凡夫在努力深入认识这个世界的变化规律时应该遵循的基本原则：放弃从概念到概念的空洞思辨，从可控可测量的简单基本现象入手，寻找规律性描述，进而逐步建立一个完整的理论体系。今天在我们探索建立关于意识活动的科学理论的时候，绝不应该因为科学之路上有难以逾越的障碍，就掉头躲入哲学之中，用看似高屋建瓴的逻辑思辨代替面对真实的科学实证。这种做法恐怕无助于原创性科学探索的努力。不肯从简单基础的现象入手寻找基本规律，一味堆砌经验追求宏大，只可能用工匠的方式带来技术工程领域的某些改变，而不会带来基本原理的突破。"大力出奇迹"只存在于技术工程领域，无法被用于指导基本原理的发现。

当然科学的这些原则也决定了科学的局限：我们的有效观察测量决定了科学可触及的边界。在此之外发生的一切，科学无能为力。

5.2 科学领域的玄学信仰："涌现"

由于在意识领域我们至今没有发展出一套科学理论，所以出现了大量披着科学外衣的似是而非的说法或思辨，严重侵蚀着科学探索所必需的严肃性与严谨性。这种状态对于该领域的健康发展具有很大的负面作用，有必要对其做一个深入的剖析。下面让我们来看一下我们前面多次简单提到的，在人工智能领域频繁出现、极具迷惑力与煽动性的，自然也对该领域的科学探索工作极具干扰与破坏作用的一个典型的热门词汇——"涌现"的真实面目。

2023年12月底，我应朋友的邀请在一个学术年会上就"整体论与还原论的融合"这个话题做了一个分享。一位在国内顶级ICT企业任技术高管的朋友看到这个分享后对我说："你说的关于'涌现'

的那句话要得罪一大批搞系统论的人。"

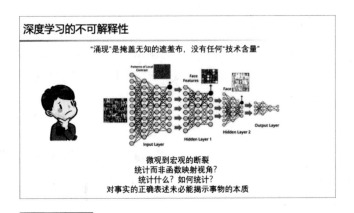

图5-4 谈到"涌现"一词时的PPT

朋友指的就是图5-4所示的这页PPT上面的这句话:"'涌现'是遮盖无知的遮羞布,没有任何'技术含量'"。

"Emergence"这个词是1875年乔治·亨利·刘易斯(George Henry Lewes,1817—1878,英国学者)借雄心勃勃的五卷著作《生命与心智的问题》(Problems of Life and Mind)引入科学领域中的。

当初刘易斯引入Emergence这个源于拉丁文的名词,是为了描述复杂系统的表现。复杂系统有一类表现,是我们可以根据已经掌握的事物间的相互作用规律,去理解它们是如何产生出来的。他把复杂系统的这一类表现归入"Resultant"之列,我们可以翻译为"产生"类表现。Resultant用在这里意在表达人类对这些表现的产生过程有清晰的理解。而与之相对应的是复杂系统的另一些表现，我们没有能力、没有办法按照已经掌握的规律去解释它们是如何产生的。他为复杂系统的这一类表现找了另外一个词，就是现在因深度学习而闻名的"Emergent"，意思是这些表现是因为我们不知道的缘由而"出现"的。可见他仅仅是为复杂系统的这类表现贴了一个标签加以标识而已。

事实上，Emergence/Emergent 的原意就是"出现"。这是字典中的标准解释，是这个词的拉丁源头 *emergo* 的本意。它在这里被当作一个标签使用，也并没有被赋予其他新的含义。

图5-5 对"Emergence"的英译中

看到这里你想必已经意识到，当初刘易斯用Emergence/Emergent这个词并没有复杂的深意，只是意在说明对复杂系统的某些表现/功能的背后原因我们一无所知。换言之，这个词作为一个标签被引入进来，是要凸显我们对于复杂系统某种情况的"无知"：我们不清楚一个复杂系统在什么情况下，会产生什么样的我们无法解释的现象，对这种情况，我们暂且给它贴上这样一个标签。当然我们也无法预测这些现象是否符合我们的需要。我们应该做的是探索未知，从而将自己的"无知"变为"有知"。

刘易斯在引入这个词时并没有别的意思，亦如与其相对应的、至今默默无闻的Resultant，仅仅是一个简单的标签。无知不是耻辱，人类就是在不断直面和消除自己的无知、将未知变成已知的过程中进步的。但是后来者在使用这个标签的时候渐生心机甚至充满算计，给这个标签营造了一种魔力般的神秘感。将其翻译成给人以高深莫测之印象的"涌现"便反映了这种思量。虽然都是标签，这却让Emergence/Emergent有了与Resultant截然不同的"境遇"。这恐怕是刘易斯当初完全没有料到的，科学家的使命不是掩盖自己的无知，更不是将未知神秘化去蛊惑人心。

自19世纪后期开始，科学家们从不同的角度前赴后继地去解决复杂系统带给我们的这种被Emergence所标识的困惑。经过100多年的努力，某些复杂系统的一些特定规律被揭示出来，它们导致的现象也摘掉了Emergence/Emergent这个标签，被归入Resultant之列。普利高津的耗散结构理论可能是试图揭示复杂系统/现象规律的最著名的理论之一。

人们一直试图从这些具体领域的理论中抽象出一些基本的复杂系统原理。但是这些结果要么没有因为抽象而具有更加广泛的应用价值，有效性依然停留在抽象前的领域内；要么过于宽泛，成了哲学命题而无法落地；要么是原本已知的一些科学原理或其推论，比如系统的有序状态需要有持续外来的物质与能量才能维持。这是经典的热力学第二定律的一个简单直接的推论，并不需要新的研究再去"发现"它。所以对于复杂系统我们始终未能发展出一套像物理学那样的普适性的科学原理体系，仍停留在或就事论事，或坐而论道，或重复包装前人的某些发现的状态。

最为尴尬的是，人类根据自己大脑的神经元连接模式中获得的启发人为构造出来的"人工神经网络"，在规模大到一定程度之后，我们自己都没有办法很好地解释它的行为表现。这就是当今人工智能的顶梁柱"深度学习"的所谓"不可解释性"。

在科技高度发达的今天，对人类自己构造的系统，我们自己却没有办法有效地解释其工作的机制，因而也难以可靠地预测它的行为表现，特别是这种情况又发生在被认为是人类当代科技成就制高点之一的人工智能领域。这让以深刻揭示和运用客观世界基本规律为己任的现代科学与技术情何以堪？

幸好刘易斯在149年前引入了Emergence/Emergent这个名词作为这个现象的标签，"涌现"的说法便渐渐流行起来，以至于几乎到了人工智能业内人士言必称之的程度。当以"深度学习"为基础的人工智能系统，如现在流行的大语言模型，随着系统规模的不断提升而表现出一些我们渴望的行为时，便有人惊呼："这就是'涌现'

的力量！"进而以此为依据信心满满地断言："量变导致质变是普适真理。只要规模继续扩大，大模型必定会'涌现'出更多的'高级智能'，实现通用人工智能指日可待。"

可是如果按照这个叙事逻辑，大语言模型出现的胡言乱语般恼人的"幻觉"，同样也可以说是"涌现"的结果。因此，模型持续扩大并复杂化之后，我们并不清楚量变导致的质变会奔向哪一个方向：它是会产生更多我们期待的表现，还是会产生更多与我们的期待相悖的行为，甚至出现系统行为失控性发散乃至崩溃的情况？

在这种语境下，"涌现"这个词并没有蕴含任何超出"出现"之外的科学/技术上的深意。用空洞的哲学表述"量变导致质变"为"涌现"贴金，并不会赋予它任何新的内涵。给"未知"贴上一个如"涌现"这样的标签，哪怕再漂亮也不能将其变为"已知"。它丝毫无助于帮我们解开"未知"的谜团，因而也不能被当作符合科学规范的分析推论的论据来使用。

"'涌现'过程是新的功能和结构产生的过程，是新质产生的过程，而这一过程是活的主体相互作用的产物。'涌现性'告诉我们，一旦把系统整体分解成为它的组成部分，这些特性就不复存在了。"这是今天人们给出的一些阐释。不过这类看似颇具科学范儿的表述，并没有道出任何一点儿超出149年前刘易斯赋予Emergence的内涵，可以说毫无信息或技术含量。

尽管内涵仍旧简单如初,"涌现"依然是一类为我们一无所知的现象贴上的标签,这个名词被乔装打扮后面貌焕然一新,成功跻身于时代前沿的精妙概念之列。特别是在以"深度学习"为基础的人工智能领域,它以极高的频率出现在学术论文与大众传媒中。Emergence不再指代一种需要我们去探索的未知,而是成了一个象征神秘力量的图腾,因其神秘而成了很多人的一种坚定信仰。而这种被披上了科学外衣的信仰,转而成了科学论证中的强大依据,堂而皇之地在科学的殿堂中有了一席之地,而且位于殿堂的最高处。

自2010年后,信息技术借助"暴力计算"推动了人类多方面的进步,让人类获得了一种从凡夫到"上帝"的成就感。但我们终归只是凡夫,凡夫必有缺陷,因此"涌现"成了一块遮羞布,有了空前的用武之地。

从现代科学规范的角度来看,"涌现"这个概念在149年前是,今天依然是为复杂系统产生的我们无法解释其原因的现象贴的一个标签。它既没有预言这些现象是在什么情况下如何出现的,也与这些现象具有什么样的性质无关。为一个内涵如此简单的名词费了这么多的笔墨,已经有点多余了。

与"涌现"类似的缺少严肃性、容易产生误导的说辞在信息技术领域还有许多。比如在所谓的"量子计算"领域有一个说法:一定数量的"量子比特"可以存储的信息量是同样数量的普通存储器的指数倍。这种说法完全无视了信息科学的常识:存储器中的"信息"都是由"0"与"1"确定性地排列而成的,绝不可能用"量子比特"不确定的量子态来有效地表达。

一个"量子比特"不像被声称的那样可以在储存确定性的"0"与"1"的同时,而它的状态是不确定的。所谓"量子比特"的"量子叠加态"不是确定性的"0"与"1"的"叠加",从一个"量子比特"中想取"0"时可以把"0"取出来,想读"1"时又能把"1"读出来。对一个"量子比特"做一次读取操作的结果要么是"0",要么是"1",一次读取操作后该量子比特的"叠加态"便"坍塌"消失。"量子比特"无法存储确定性的信息的道理与利用不确定的量子态做"量子通信"时只能同步双方利用量子态获取的随机性密钥,而无法传递事先具有确定性的信息是一个道理。

科学与技术的严肃性在全方位地不断被侵蚀,这与对开拓创新的宽容或鼓励无关。

"知之为知之,不知为不知,是知也。"祖先质朴的教导,能否唤回本该充斥科学与技术领域的理性?毕竟,现代科学的辉煌与玄学信仰无关,更不是对无知的遮掩或似是而非的说辞伪饰出来的,而是建立在严肃理性之上的。

我们不能因为没有建立起关于意识活动的科学理论,就用不满足科学规范的词汇、方法来编造各种含糊不清乃至似是而非的说辞,渲染夸大一些具体技术与算法的作用与潜力。除了带来阻碍和误导,这种做法完全无助于推动"外意识"的健康发展。

5.3 人类的"止境":现代科学的五大难题

如果我们放眼人类科学与技术发展的整个历史就会发现,关于意识活动的科学理论的缺失发生在一个更大的背景之下:现代科学与技术在基本原理层面的发展出现了全面的停滞。

从19世纪后半叶到20世纪初,人类经历了现代科学与技术的爆炸式发展(见图1-1)。从原理的突破到应用的创新,人类文明可谓硕果累累:揭示了宇宙终极能量的奥秘、进入太空远征月球、有效抑制了致命的大规模传染病天花等。

但在20世纪60年代后,当初那样突破频现的激动人心的景象成了往日的美好记忆,科学与技术的原理性突破悄然进入到了漫长的冬眠期。进入21世纪后,信息技术应用这个有些脱离科学主流轨道的现代工匠技艺开始一枝独秀,并且成了技术领域的制高点,颇有点"世无英雄,使竖子成名"的味道。

这不是因为我们没有了原理层面的困惑,而是我们有些"黔驴技穷"。科学似乎被一股神秘的力量锁死在了目前的状态。刘慈欣在《三体》中对这种现象做了科幻的演绎,引发了人们的各种奇思遐想。

不论真实原因如何，科学家们从未懈怠，一直在努力解决那些悬而未决的问题。在众多科学困惑中，有五个难题或方向具有特别重要的意义，其中任何一个获得突破都会极大地拓展科学所能覆盖的疆域边界，推动人类文明层面的跨越。而建立意识活动的科学理论便是其中之一。

这五大难题分别是：

*物质是否存在更底层的结构

1911年，英国科学家欧内斯特·卢瑟福（Ernest Rutherford，1871—1937，诺贝尔化学奖获得者）发现了原子的内部结构。此后经过60多年的不懈努力，物理学家在20世纪70年代中期完成了"标准粒子模型"的建立，对物质底层的基本结构有一个了比较完整的描述。但在这一层级之下，物质是否还有更"基本"的结构一直是物理学家顽强探索的问题。在这个方向上影响最大的努力之一是著名的"弦论"，包括它的升级版本"超弦理论"。该理论认为，物质在最底层既非粒子，也不是波，而是在高维度时空中一条条以不同模式震动着的"弦"。

但是这个在20世纪60年代萌芽的、试图在标准粒子模型基础上再往底层更进一步的"弦论"，到今天依然是一场数学游戏，无法用实践来验证，基本成了"玄论"（见"弦论：物理世界的数学奇迹？"，《环球科学》2021年1月号，第80—85页）。虽然这并没有妨碍它的热爱者们继续努力，但是由于无法验证，其前景可以说是十分渺茫。

另外一个超出了基本粒子模型的猜测是"暗物质"与"暗能量"。这是宇宙学家通过"坐井观天"般地对宇宙中引力现象的观测而做出的两个推测。

所谓"暗物质"就是指在宏观层面只有引力作用而没有任何电磁作用，因而也无法通过电磁辐射现象来探测研究的物质；而"暗能量"则是指与引力的作用相反，导致物质彼此离散、宇宙不断膨胀的能量。这些猜测对于现有的科学理论来说就更加离经叛道了。实际上，人类还没有找到"暗物质"和"暗能量"存在的任何直接的确凿证据。

探索物质更底层结构的努力几十年来实际上止步不前。

我们是否应该问一个问题：在对物质基本结构的认识方面，人类是否已经触及到了自己认知能力的极限？杰出的物理学大师杨振宁对此有一句名言："盛宴已过。"早在20世纪80年代他就不再建议年轻的学者投身于基本粒子方面的研究。但是他并没有言明为什么，以至于前些年他在中国科学院大学做讲座的时候，一个年轻的学子与他有过当面的争论。杨振宁当时依然没有给出明确的理由，而是"仗势欺人"地说："我就是干这个的，所以我懂。"

是天机不可泄露？还是他的领悟超越了语言逻辑可表述的范围？

*物质间四种基本作用力是否有统一的描述方式

与物质的基本结构相关联的另外一个重大基础性科学问题就是如何用统一的方式来描述自然界的四种基本作用力。

人类目前发现的基本作用力只有四种：万有引力、电磁作用、弱相互作用与强相互作用。后两者作用距离非常短，仅在原子核尺度上起作用。其他的作用力都是这四种作用力的衍生效应，如摩擦力实际上是分子或原子之间的电磁作用。

其中，电磁作用、弱相互作用与强相互作用已经借助量子场论以量子化方式得到了统一的描述。它们都是通过作用双方之间交换负责传递力的粒子而产生的。但引力作为非量子化的连续时空的一种性质，不是由交换传递力的粒子而产生的。它一直悠然自得地游荡于量子化描述的框架之外，而且目前还看不到被驯服的希望。

拥有人类"最强大脑"的爱因斯坦将其后半生几乎都投入在了这个方向上。当时他想把引力与电磁作用统一起来。但是直至他离世也没有取得突破性进展。而在他去世12年后的1967年，电磁作用与弱相互作用倒是被成功地统一了，形成了弱-电统一理论。随后在20世纪70年代中期，描述强相互作用的"量子色动力学"诞

5 "外意识"如何走通科学之路

生,并且与弱-电统一理论整合在了一起,由此诞生了基于量子场论的标准粒子模型。将四种作用力全部统一的努力随后陷入停滞。

前面讲过的"弦论"(超弦理论)声称可以将引力也纳入进来,从而彻底统一对四种基本作用力的描述,但这还仅仅是一个无法证实的说法。这方面的努力还包括现在许多学者在研究的"圈量子引力理论",不过也还没有实质性进展。

我们不禁要问:引力是否就是很不相同,所以这种统一的努力原本就是没有意义的?认为一定可以用统一的精美简洁的方式来描述世界的基本规律,是人类的一种基于经验的假设。假设有可能仅仅是不切实际的一厢情愿,当然也有可能是对的。但是在没有实验检验之前,它只能处于可能对也可能错的这种不确定的"叠加态"。

*人类是否可以走出太阳系实现星际航行

看上去这是一个技术问题,实际上却是一个基本科学原理问题。

人类宇航学奠基人齐奥尔科夫斯基曾经说过一句名言:"地球是人类的摇篮,但人类不可能永远被束缚在摇篮中。"自从1957年人类第一颗人造卫星上天后,我们就渴望能够走向宇宙深处亲眼看看广袤的宇宙中都有些什么、在发生着什么,哪怕一去不返。但是迄今为止,依靠人类掌握的科学原理,我们只能利用动量守恒原理在太空中运动,而这要以消耗飞行器自身携带的物质为代价。不论用化学能还是核能，包括可预见的核聚变能，都不足以让我们在足够短的时间内走出太阳系到达离我们最近的、4.25光年外的比邻星，更不要说更远的地方了。

以每小时6.1万公里的速度刚刚脱离太阳系不久的旅行者一号无人宇宙飞船正在奔向比邻星，预计需要7.5万年才能到达。它于1977年发射，在太空中飞行了35年才脱离太阳系进入到"星际空间"，目前依然奇迹般地保持着与地球的联系。

而科幻作品中让我们能够快速到达宇宙其他地方的"虫洞"只是爱因斯坦广义相对论方程的一个数学解，人类至今尚未获得其客观存在的实际证据；操纵时空实现星际航行的"曲速引擎"同样也只停留在科幻阶段。

对人类来说，走向宇宙深处一探究竟实在是一个太大的诱惑。为了寻找星际航行的技术手段，美国国家航空航天局甚至开始支持一些违反现有物理定律的探索（见"马赫推进器：进入星际空间？"，《环球科学》，2019年9月号，第38—45页）。但至今人类在这方面依然没有任何实质性进展。

面对浩瀚的宇宙，人类是否永远只能"坐井观天"？太阳系就是人类命中注定可以踏足的最大空间了吗？

如果是这样的话，人类对物质世界的理解便有了无法逾越的极限。所以能否实现星际航行对于人类来说不仅仅是人类可以占有和利用多少资源的功利性问题,而是我们对物质世界的认识能够达到什么程度的认知性问题,对于人类文明的发展具有重大的意义。

*是否存在描述不同复杂系统运动规律的统一理论

杨振宁从20世纪80年代开始就建议年轻一代学者不要再去搞粒子物理、继续钻研物质的基本结构,而应该注重"凝聚态"物理的研究。如果从凝聚态再往高层走下去,我们就会到达复杂系统层面,这便触及了现代科学的另外一条边界:对复杂系统运行规律的认识。

从自然生态,到人体,再到社会,人类生存所面对的几乎都是(复杂)系统性问题。传统的还原论认为只要搞清楚系统的构成要素及其运动规律,向上推演就能理解系统。但事实通常不是这样。

天才的物理学家费曼曾经对此有过一段精辟的论述:"理解了物理学定律,不一定就能够让你直接获得对各种事物在这个世界上所起到的作用的认识。实际发生的一切,往往同基本定律隔得很远。……总是想把高层宏观现象回溯到基础的层次,未必是有意义的。事实上我们也做不到,因为我们越向上走,就会有更多的中间步骤,这里的每一步形成的都不是上下的强关联。而我们也没有完全想透这些步骤所起到的所有作用。"(摘自 *The Character of Physical Law*,第103—104页,Penguin Books出版,1992年)

所以，理解了分子或细胞乃至器官，不等于理解了生命；理解了员工与部门，不等于理解了组织；理解了消费者与企业，不等于理解了经济；理解了组织与经济，不等于理解了国家。当人类在认识物质基本层面的运动规律方面取得了突破性进展之后，有一批科学家从20世纪40年代开始，从不同的角度研究复杂系统的运动规律，试图建立一个通用普适的理论。这方面的研究常被冠以"系统论"或"系统科学"之名。

谈到"系统论"或"系统科学"，人们通常会从贝塔朗菲（Ludwig Von Bertalanffy，1901—1972，美籍奥地利理论生物学家和哲学家）在20世纪40年代基于生物学建立的"开放系统理论"说起。后来贝塔朗菲在1952年与其他人一起创办了"一般系统论协会"，1956年更名为"一般系统研究协会"，1988年再次更名为现在的"国际系统科学协会"（International Society of the System Sciences，ISSS）。

在贝塔朗菲之后，人们会细数维纳的控制论（1948）、香农的信息论（1948）、兰德公司的系统分析（1948）、弗利斯特的系统动力学（1961）、普利高津的耗散结构（1969）、哈肯的协同学（1971），以及直到提出20多年后才被人青睐的混沌理论（1963）等，看上去蔚为壮观。中国学者还会加上钱学森晚年提出的"从定性到定量综合集成法"。这些成果都在一定程度上或从某一方面反映了某一类复杂系统的某些特征与运动规律，但是既不完整，又割裂分立，缺少共同的基础性原理。

以上每个理论都处理了某一类复杂系统中的某些问题，也从具体方法中总结抽象出了某些似乎具有一般意义的原理。上一节中我们曾经指出："但是这些结果要么没有因为抽象而具有更加广泛的应用价值，有效性依然停留在抽象前的领域内；要么过于宽泛，成了哲学命题而无法落地；要么是原本就已知的一些科学原理或其推论，比如系统的有序状态需要有持续外来的物质与能量才能维持。这是经典的热力学第二定律的一个简单直接的推论，并不需要新的研究再去'发现'它。"所以说，在系统科学这个领域内，还没有出现如牛顿定律一般的奠基性的、可以广泛应用于不同类型的实践的普适的基本原理。系统科学还处于"前科学"状态。

我国著名科学家钱学森在20世纪80年代退出航天一线工作后，也花了大量的精力组织中国各领域的学者试图建立一般意义上的系统科学。钱老认为在辩证唯物主义的指导下，我们可以做得比西方更好。但是经过多年的努力，钱学森提出的"从定性到定量综合集成法"也没有取得实质性进展。

复杂系统理论的缺失使我们在复杂系统的相关实践中缺少有效的理论指导。这导致我们在认识与把控业已存在的复杂系统如宏观经济和生命有机体，以及在构建新的人工复杂系统时能力严重不足。由于缺少理论的指导，致使这些工作不得不严重依赖过往经验，而经验在外推的时候可能会出现致命的错误。

物质性的复杂系统航天飞机便是人类在复杂系统的构建中出现

严重问题的一个典型案例。

在阿波罗登月计划将宇航员送上月球之前的1969年初，美国就启动了探讨已久的航天飞机的设计。它成了人类物质性复杂系统的一个巅峰之作。顶级的科学家们给出了一个十分美好的预期，但是与后来的实际情况可谓有"天壤之别"：原来预计每一到两周进行一次发射，一年发射24次。但实际上每年只能发射五六个架次。根据原设计，每架航天飞机应该可以重复使用100次，但实际上5架航天飞机总共进行了135架次的飞行就全部退役了。在规划航天飞机时，估计每公斤有效载荷进入轨道的费用在100美元上下，比使用一次性运载火箭有呈数量级的降低，而且每次发射总费用不超过600万美元。事实上，截至2010财年，航天飞机的每次准备和发射成本平均为7.75亿美元，发射载荷的代价远高于一次性运载火箭。一次性运载火箭每公斤有效载荷的入轨费用在8000美元左右，而使用航天飞机时这项费用高达7万美元以上。

失控的不仅仅是航天飞机的使用成本，更包括人类航天史上的两次灾难性悲剧：1981年挑战者号航天飞机起飞73秒后，右侧固体火箭助推器燃气密封环在低温下失去弹性致使燃气泄漏，造成航天飞机组合体爆炸解体。在人们汲取教训，更加精心地改进与维护的情况下，剩余的四架航天飞机万般小心地安全飞行了22年，而后灾难再次发生。2003年1月16日，哥伦比亚号航天飞机在发射时燃料箱外部泡沫材料发生了脱落，击中左翼前侧造成该处防热瓦受损。半个月后的2月1日美国东部时间9时左右，哥伦比亚号返回进入大气层，摩擦产生的高温气流将该处烧穿，进而导致航天飞机化为碎片。航天飞机的这两次事故共造成14名宇航员遇难，堪称人类航天史上最大的两次惨祸。

在与哥伦比亚号失去联系后不到两个小时，NASA便成立了哥伦比亚号事故调查委员会。该委员会在当年8月第一次发布的调查报告中针对航天飞机有这样一段总结性的文字："尽管付出了许多提高安全性的努力，作为美国太空雄心的支柱，航天飞机依然是一个复杂而冒险的系统。哥伦比亚号返回阶段的失败在残酷地提醒我们：航天飞机是一个还处于研发阶段的运载工具，它的每一次运行都是一种危险的探索而不属于常规飞行。"

对于一款有人驾驶的太空飞行器而言，这种安全性水平是完全无法接受的。安全性如此之低的根源在于航天飞机这个系统过于复杂。虽然科学家与工程师们充分地掌握了每一个部分的原理与设计，但是组成一个这样极为复杂的系统之后，问题的性质就变了。复杂的构成不仅仅导致其运行成本过高，更意味着再精心的维护都无法保证它如人类期望的那样在剧烈的温度、速度、压力等条件的变化下安全地运营。

2011年7月21日，亚特兰蒂斯号航天飞机在佛罗里达肯尼迪航天中心着陆，结束了航天飞机30年的服役历程。耗费了5倍于阿波罗计划资金的航天飞机项目以教训收场，暂停了人类开发有人驾驶的可重复使用的太空运载工具之路。转而，马斯克这个航天"素人"

采取了简单得多的可重复使用运载火箭方案,历史性地使人类进入太空的成本快速下降,投入使用后其可靠性也相当高。马斯克放弃复杂、回归简单的思路,不仅有力地推动了美国航天事业的发展,也深深影响了中国等国家进入太空的技术路线。

航天飞机的实践似乎暗示,不论我们对底层要素有多么充分的了解,人类可以掌控的物质性系统的复杂度都有一个不可逾越的极限边界。这个极限边界并不会因为更多的资源,包括智力资源的投入而改变,它是由人类固有的能力特点或者说"缺陷"决定的。在这个极限边界之外做事,就可能付出惨痛的代价。

在开发意识性的复杂系统时,我们大概率不会遇到航天飞机失事这样的物质性灾难。但是我们能否有效地把控系统,系统是否会有我们期望的表现,同样是一个大问题。大语言模型不可预测的所谓"幻觉"便不是我们期待的,也严重影响了它的应用。人工意识性系统"脱轨"的影响与物质性系统的灾难不同,它的表现形式可能比较"温和",但是却有很强的扩散性与持久性,其危害可能更大。我们应该自觉地关注人类构造的意识性系统的复杂度的合理边界到底在哪里,而不能简单地认为系统可以无限度地膨胀下去,直到局面逐步发展到不可收拾的地步。由于与物质的"刚性"相比,意识具有很大的"弹性",意识性系统"崩溃"的形式与航天飞机这样的物理系统不同,会以"软性发散"的形态显现出来。大语言模型随着规模的扩大而提高的错误回答概率就是意识性系统"软性发散"的一个例子。(见"Larger and more instructible language models become less reliable",发表于 *Nature* 杂志,2024年第634卷,第61—68页)

物质性与意识性的人工复杂系统所面临的这些问题,都与我们没能获得对复杂系统运动规律的有效认识直接相关。

我们或许需要反思:一般性的复杂系统运动规律是否存在?如果存在,它是否与现有的科学范式并不完全相容,所以我们才没能建立一个有效的理论去描述它?

中国古代一些传统的系统层面的方法与现代科学走的是一条很不相同的路。系统科学领域的一些西方学者已将中国的"阴""阳"概念引入到了自己的研究工作中。中国的这套传统系统理论在今天是否依然有值得我们认真借鉴的价值,值得我们好好思考。(见"东西方视角的异同与人类认知的边界",微信公众号"慧影Cydow",2024年2月25日)

*如何构建对意识活动规律的科学描述

这个问题我们在前面已经多次触及。它是"外意识"发展中的一个根本性问题。钱学森在20世纪80年代倡导的"思维科学"就试图在这个方向上有所突破。

如果说人类在科学地认识物质世界方面,已经成功地占领了大片"领地"的话,那么在与物质研究相对应的意识研究领域,在现代科学的意义上,我们还几乎没有立锥之地。因为至今为止,我们还没有建立起一个对意识活动的最基本的、符合现代科学规范的描述(基本科学定律),只有一些工匠技艺层次的、经验性的粗糙认识。

人类对意识活动规律的近现代探索循两条主线展开,已有百年左右的历史。

一条主线是从物质基础出发,研究大脑神经元的物质运动与意识之间的关系。这是自下而上的分析思路,到今天最多只能算是摸到了一点点皮毛,但还远没有找到对物质运动如何产生意识活动的比较清楚的解释或描述。"尽管经过了一个世纪的不懈努力,脑科学家们对大脑的运作方式还是所知甚少。很多人试图通过研究简单生物的神经系统来理解人类大脑。可是,尽管科学家在30年前就已经弄清了秀丽隐杆线虫302个神经元之间的连接方式,但是到现在为止,就连这种低级生物最基本的生存行为(如进食和交配)是如何产生的也不清楚。这中间所缺失的一环,就是神经元活动和特定行为的直接关系。"(摘自"攻克大脑",《环球科学》2014年6月号,第22—29页)

另一条主线是从外显的意识活动表现出发,从外向内、从高层向低层去分析。这是心理学的基本方法,也产生了很多成果,但门派林立，各执一词，良莠不齐，远未整合成为一个统一的体系，也还十分不符合科学的规范性原则。

在20世纪70年代"挂牌"的"认知科学"将这两方面的相关研究都纳入到了自己的名下，但是依然踯躅在科学的大门之外。这些针对大脑和意识活动的研究都在处理复杂系统的现象，所以复杂系统理论如果能够取得突破，可能会对认识意识活动的规律有很大的帮助。这两个研究方向遇到的困难可能有很大的相关性。

有人曾经认为，用人类自己的意识去认识其自身的活动规律是一个狗咬尾巴的逻辑循环，有点像一个人自己揪着自己的头发试图把自己从地上提起来。这种主张是否有道理我们无法验证。

但是上百年来无数天才的努力落得一头雾水，也许意味着我们确实应该问一下：意识活动的规律是否从根本上就在现代（物质性）科学范式之外，因此应该另辟蹊径？如果是这样，这条"蹊径"会在哪里？如何才能找到它的起点？

没有对人类意识活动规律的清楚认识，大概率也就无法建立所谓的"智能理论"。因为智能是意识的一个子集，而且还是一个没有清晰定义自己边界的子集。而没有一个像样的智能理论，谈论"通用智能"的创造、人工智能的"奇点"等话题都没有多大的实际意义。

这五大难题中的最后两个与前三个不同。前三个难题都涉及在已有的科学成就基础上的进一步开拓性探索，属于已有科学领域之内的问题；而后两个涉及建立新的科学学科，是如何进入科学之门的问题。经过百年左右的努力，关于这两个难题已经有了许多研究成果，但这些成果还远不足以让我们创建规范的科学理论，它们都还徘徊在科学的门外，处于"前科学"阶段。这五大难题中的任何一个获得突破，都可能给人类文明带来开疆拓土般的变化。但是奇迹迟迟没有发生。

2024年的诺贝尔物理学奖出人预料地颁发给了两位从事人工神经网络研究的学者：约翰·J.霍普菲尔德（John J. Hopfield）和杰弗里·E.辛顿。他们的工作与传统意义上的物理学的关联十分微弱，颁奖委员会给出的理由相当勉强，导致网络上议论纷纷。这或许是科学界对于现代科学的发展进入了停滞期的一个标志性宣示。

随着科学原理性突破的停滞，人类在已有科学原理基础上所做的科研工作产出的创新性或颠覆性成果在近几十年来呈现出不断下降的颓势。我们不应该对这个局面感到意外。

美国明尼苏达大学与亚利桑那大学的三位学者于2023年在《自然》杂志上发表了他们针对学术论文与技术专利中颠覆性成果的调研。（见"Papers and patents are becoming less disruptive over time"，发表于 Nature 杂志，2023年1月第613卷第7942期）

5 "外意识"如何走通科学之路

他们研究的论文覆盖的领域包括生命科学与生物医药、物理学、社会科学与技术，时间跨度为1945年到2010年；技术专利覆盖的领域包括化学、计算机与通信、医学制药、电力电子与机械，时间跨度为1976年到2010年。在研究中，他们定义了一个衡量研究成果颠覆性的CD指数。图5-6是他们研究的总体结果。

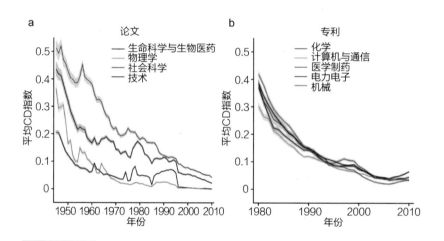

图5-6　衡量研究成果颠覆性的CD指数变化趋势

研究得出的基本结论是：虽然论文与专利的数量一直呈指数增长，但是论文的颠覆性进入20世纪50年代后便明显开始持续下降，专利的颠覆性则自20世纪80年代以来一直在下降。

如果这个结论是可靠的，那么这些年来被大肆宣传的所谓"第四次工业革命"，应该属于众多领域的一种锦上添花式的繁荣，而不是如蒸汽机或电力技术的出现那样的革命性跨越。仔细观察就不难发现，在各个领域的繁荣背后都有"外意识"在发挥着巨大的推动作用。

科学探索永无停歇，但是我们似乎遇到了"止境"。我们在原理性发现方面徘徊不前，由此带来了科学与技术领域人类整体创新性的下降。如果放到人类科学与技术发展的整体背景中看，"外意识"遇到的缺少基础性科学原理的问题，可能有一个更加深刻的原因。

我们到了应该静下心来认真思考一下的时候：是我们自己无意中给自己画地为牢，原地转圈而无法实现新的原理性突破，还是我们已经接近了人类认知能力的极限？我们人类的认知能力可以让我们对世界的认识随着时间的演进而无止境地"进步"吗？

如果没有新的突破，我们永远得不到这个问题的答案。因为没有新的突破，我们自己没有办法跳出自己当下的局限去看清当下的困境。几代杰出人才的努力都没有能够撼动这个局面，随着时间的推移，打破这种停滞的可能性其实在变得越来越小。

在这种局面下，"外意识"发展的前途又在哪里？

6

"外意识"的未来发展与挑战

6 "外意识"的未来发展与挑战

"外意识"依赖的现代工匠技艺,与传统物质性技术的工匠技艺有一个重大的不同。由于物质性工具的构造必须符合物质世界的基本规律,所以没有掌握科学原理的传统工匠技艺的变化与发展的空间十分有限。

在现代物质性技术与工具领域,基于经验的工匠技艺依然广泛存在。但是它们一方面如传统的工匠技艺那样受物质世界基本规律的制约,同时并不仅仅依赖经验,而是建立在现代物质性科学之上,有坚实科学原理的指导,无须再盲目摸索。

"外意识"则不同,它属于意识范畴,不受各种物理规律与条件的限制,没有难以把握的复杂环境的影响,没有材料强度、疲劳、老化、腐蚀,以及结构与操作必须符合物理原理等一系列的现实问题。它只要满足计算机不多的逻辑规则、可以用计算机指令程序实现即可。虽然"外意识"缺少基本的原理指导,但也没有硬性规律的制约，完全在人的自主掌控之下。而且在进入"暴力计算"时代后，可利用的计算资源几乎没有限制，这就让"外意识"的创造成了一片自由王国。我们在前面对此做过深入的剖析。

所以，虽然我们还没有认识清楚意识活动的基本规律及复杂系统的普遍性规律，但依靠现代工匠技艺，在"暴力计算"的支撑下，"外意识"也可以有几乎无穷的变化与极为广阔的发展空间。它能走多远，能有多少变化，取决于人类的创造力。

所属的基本范畴不同，发展的规律就可能不一样。因此，意识范畴之外各领域的原理性突破的停滞，导致的颠覆性研究成果断崖式下降的现象，在"暴力计算"的红利消失之前，未必会发生在属于意识范畴的"外意识"领域。"外意识"发展的黄金时代可能还要延续下去。

不过随着以大语言模型为代表的生成式人工智能投入商业化使用，出现了一个与创造力有关的新情况。基于统计算法的生成式人工智能具有了望文生义、照猫画虎的能力。这种能力与我们通常所说的创造力之间并没有清晰的界限。一如前面分析的那样，人工智能基于统计的"理解"或者说"了解"与人的理解之间也并非泾渭分明。模糊性是意识活动的一个基本特征，也是妨碍我们建立关于意识活动的理论的重要障碍之一。

由于无法清晰界定，所以人工智能的望文生义、照猫画虎被夸张成了惊人的、甚至堪比人类的"创造/创新"能力。进而让许多人坚信，只要假以时日，依靠这种统计方法就可以一劳永逸地解决"创造"的问题，而不必人类自己再劳神费力了。将视频生成器Sora称为"世界模拟器"便是这种夸大其词的一个典型例子。

这种观点将极大地抑制人类对自身创造潜力的挖掘与发挥，严重阻碍人类的进步。

所以我们有必要从人类创造活动的本质出发，理清人类与"外意识"在创造性活动中各自应该与可以起到的作用，进而把握"外意识"未来的基本发展模式、待开拓的应用新疆域，深刻理解在文明的智能纪元中人类面临的来自"外意识"与自身的根本性挑战。

6.1 人类创造的本质与"外意识"的使命

人类能成为万物之灵，是因为我们拥有进行复杂意识活动的能力，而这其中的创造能力，特别是那种能产生有实际效用的结果而非仅仅让精神感到愉悦的艺术作品的创造能力，是推动人类从野蛮走向文明、在文明的道路上高歌前行的核心力量之一。

不断地进行有实际效用的创造，让我们从刀耕火种走向了太空探索，让我们在物质性技术与工具之外发明了以现代计算机为核心的意识性技术与工具，让人类的某些意识活动可以摆脱人的大脑，创造出了许多自己的大脑无法实现的"外意识"活动。

那么人类的这种创造是一种什么样的意识活动？我们还是像剖析"理解"时那样采用追踪它的真实过程的方法来做一个探究。

创造要确定方向与目标。创造什么是以人类的需求或意愿为导向的。这是人类这种具有主体自我意识的高级生命所具有一种目标选择能力。它与客观条件有关，但是本质上却是一种主观意愿。主观意愿是自我意识的产物。而自我意识，则是迄今为止我们依然说不清道不明的意识现象。

在人工智能发展到可以开口"说人话"的今天，许多人在猜测它是否已经具有了自我意识。因为对"自我意识"并没有一个清晰的定义，所以这是一个不太说得清楚的问题。

人类的自我意识是在我们生理本能的初始驱动下，在我们不断与外界环境包括其他同类互动的过程中，逐步形成并发展起来的。而人类创造的人工智能及其他的"外意识"目前还仅仅利用了人类产生的抽象的文字符号信息，它不仅与真实的世界相距甚远，也仅仅接触了人类丰富的感受认识的很小一部分。如果仅仅依据这些抽象的文字符号信息便可以孕育出某种形式的"自我"，那么这个"自我"也与高级生命所拥有的"自我"有很大的差异。这样的"自我"果真存在的话，它"自己"所确定的方向与目标，恐怕与人类的期望也有很大的不同，它基于此的"创造"也未必会为人类所需。

事实上，今天人工智能的所作所为，包括所谓的"无监督学习"，都还是在人类的驱使下，在人类设定的边界内或人类确定的方向上进行的，最终的结果也是由人类在取舍，因而一直在为人类既定的目标服务。

所以，在对人类有实际效用这一创造活动的起点上，"外意识"是无法独立承担责任的，因为它没有"心"，或与人心不相通。人类自身的意愿依然是在确定创新方向与目标时不可替代的、起决定性作用的核心因素。不过在对创新目标与方向的可行性分析方面，"外意识"作为工具是帮得上许多忙的，尽管这只是一种辅助作用。

在人类有实际效用的创造中，最复杂的环节往往还不是方向目标的确定，而是将目标变成现实的过程。这往往需要精巧的构思、复杂的分析、严谨的设计。

像鸟一样在天空中自由飞翔，是人类早已有之的梦想。当人类的工匠技能积累到一定程度后，先辈们首先想到的是如鸟类一样，通过扇动人造的翅膀去飞翔。这是从自然界中得到的启示，但是这种方式一直行不通。随后人类在此基础上不断努力实践，借助后来认识到的空气动力学知识和积累的经验，在20世纪初终于实现了飞行的梦想：莱特兄弟于1903年12月17日，驾驶有动力的"飞行者一号"飞机在第二次尝试中飞行了260米。人类的航空时代由此发端。

图6-1　莱特兄弟的"飞行者一号"

飞机的诞生，是一个持续了数百年的不断实践尝试、总结认识的过程，绝非纸上谈兵的结果。基于统计学习的人工智能利用现有的信息资料画出一架像模像样的飞机应该并不困难，但是它能够仅仅依靠人类在造出飞机之前的资料信息，通过基于统计方法的望文生义与照猫画虎指导我们造出一台可以飞上天的飞行器吗？这恐怕远不是它力所能及的事情。

再回到当下，人工智能能否帮助我们走向未来？

受控核聚变一直是人类梦寐以求的能源供应形式。相关的努力已经持续了60多年，有磁约束托卡马克和激光惯性约束等多种不同的技术路线。但至今为止人类还没有实现持续可控的核聚变过程，更不要说用它来发电了。假如我们把人类已有的所有相关知识与信息都提供给人工智能系统，它能够给我们指出一条明路吗？

受控核聚变虽然还远没有达到预期目标，但是已有的各种尝试途径包括太多的复杂设计，环环相扣，不得偏离分毫。这样的设计绝非照猫画虎可以完成的，更不要说给出一个超出现有设计能够实现终极目标的方案了。所以我们从来没有看到过任何报道，说在受控核聚变领域的探索中，有人采用类似大语言模型的人工智能系统来担纲主攻任务。

望文生义与照猫画虎的统计方法，可以在现有的输入基础上依据概率性计算产生适度外推的结果，但是这与人类开疆拓土式的创造还是有天壤之别的，不可同日而语。

我们再回过头来看一下"外意识"领域自身的情况。大语言模型通过学习，已经具有了初步的编程能力，而"外意识"本身就是一段的程序代码。那么在未来，创造新的"外意识"是否可以由大语言模型这类"外意识"自己来完成，人类只需提出目标要求即可？

21世纪"外意识"领域最具创造性的成果或许莫过于比特币的底层技术"区块链"了。它的出现不仅震惊了信息技术产业，也震惊了金融界。毫不夸张地说，它超出了人类之前对信息技术应用的想象。

那么我们放宽条件，让如大语言模型这样的基于统计的人工智能技术再进化几十年，然后我们把区块链出现之前的人类编程知识与样例都提供给它,并提出相应的目标要求,它能够发明区块链吗?区块链的创新性显然超出了大模型照猫画虎的能力边界。它是全新的开创性的系统设计,不是之前任何已有系统的改良。

再从大语言模型自身来看,如果我们给它提供大语言模型诞生之前的所有相关知识与信息,它能像人类那样一步步完成大语言模型的创造过程吗?大语言模型的复杂度应该远远超出了它自身具有的"统计理解"能力,就像大脑的复杂度目前来看似乎也远远超出了大脑自身的理解能力。所以大语言模型还没有希望创造出自己,一如我们还无法创造出一个具有完整功能的人工大脑。

也许有人会说,未来的人工智能可能并不主要依赖统计方法。但是对于还没有出现的其他的可能性,在没有任何基本理论能帮助我们预见未来的情况下,我们缺少讨论它的"能"与"不能"的基础。我们只能将讨论建立在已有的现实与经验之上。这就是工匠技艺本身的局限性。况且经过近70年的努力,人类至今在实现人工智能的道路上,最普遍有效的工具还是已经有几百年历史的统计方法,我们很难对未来出现更加强大的基础性方法抱有太大的期望。

我们固然无法用严格的逻辑来描述人类的创造或创新活动,但是通过对上面几个典型事例的分析我们不难看出,具有实际效用的原始开拓性创新/创造,不论是作为其起点的方向与目标,还是其具体的实现,在可以预见的未来依然是人类大脑"内意识"的独占领地。"外意识"可以在这个过程中发挥辅助支撑作用,但是创造的核心主体工作，从方向选择、目标确定到整体规划设计，依然要由人类自己来完成。在人类的创造力背后，是自觉的意愿、深刻的洞察及严密的复杂逻辑推演与系统构建能力。基于统计算法的人工智能无法靠其望文生义与照猫画虎的方式获得这些能力。"外意识"靠"自我"完成复杂的创新还是一个遥不可及的梦想。

如果你想做的是"望文生义"或"照猫画虎"式的有限外推式的"创造"，人工智能大可代劳；如果你决意不循常规、独树一帜、颠覆传统，那就只能自己开动脑筋亲力亲为了。

不论人工智能有什么样的新发展，不论大语言模型的规模再扩大多少倍，包括各种复杂智能系统在内的具有复杂功能的"外意识"的构建依然将是人类自己的创造性劳动的结果，人工智能等"外意识"工具方法应该也只能作为解决某些具体问题的手段而有机地融入其中，发挥自己的辅助支撑作用。

"有多少人的智能，便有多少人工智能"这一结论将长期有效。

即使在纯主观的艺术领域，"外意识"的创造价值也十分有限。核心原因就是除了望文生义与照猫画虎之外，它并不具有与人类相通的"自我"。"心"不相通，便难以创造出既有新意又能引发人类共鸣的作品。

著名科幻作家刘慈欣在其小说《诗云》中，塑造了一个超级生物。由于自己无法写出超越李白的诗篇，便借助疯狂的量子"暴力计算"，把所有类似于诗的汉字组合全部生成出来，以至于在太空中形成了"诗云"。但是最后他承认自己还是失败了。因为生成的"诗篇"数量远远超过了一般意义上的天文数字，几近无穷。在几近无穷中挑出数量极为有限的优秀"诗作"，是一件不现实的任务。所以即便能靠惊人的"蛮力"生成天量的输出，但无效的输出会在其中占绝大部分，这不是对人类有意义的创造，是在浪费资源制造垃圾。"大力"未必"出奇迹"。

人类似乎一直痴迷于造出与自己有同样智能的机器。在大语言模型横空出世后，又有许多人兴奋地预言"通用人工智能"的实现指日可待了，虽然一些不了解历史的年轻人听起来可能觉得耳目一新、倍感振奋，但一个无奈的事实是，虽然人工智能历经50余年的发展取得了惊人的成就，在各个领域不断地解决着广泛的问题，但它却依然没有走出"现代炼金术"的泥潭。

其实，我们完全不必因"外意识"不具备像人那样的创造力等能力而感到遗憾。不能完全像人一样并不意味着在某些方面不能超越人，这两者不是一回事。

我们回顾历史就不难发现，人类创造的技术与工具带给我们最大的价值，并不是对人的替代，而是对人的超越。是工具对人的超越带来了人类文明天翻地覆的变化。而在工具对人类的超越中，起关键作用的依然是人类的创造力。

6 "外意识"的未来发展与挑战

事实上,自从物质性的技术与工具诞生之后,人类依靠自己的聪明才智创造出了无数远远超越人类自身能力的工具。

物质性技术与工具如此,意识性技术与工具亦如此。计算机自诞生伊始,便在数值计算能力上大幅超越了人类。在未来通过人类的创造,"外意识"必将在更多的领域超越人类,而且会实现更多人类无法完成的意识活动。所以专注于全面复现人类自己的智能,而不是注重"外意识"可能实现的对人类多方面的超越,有些过于狭隘了。

与复制一个自己相比,拓展自己是否更有意义?特别是,拓展自己并非必须以复制自己为前提。拓展人类意识性活动的能力与可触达的时空边界,恐怕才是"外意识"应该承担的使命。

不再盲目夸大统计方法的意义,超越以复现人的能力为目的的"人工智能"的狭隘视角,放眼包含了"人工智能"在内的更加广袤的一般性意识活动疆域去思考问题,"外意识"才能拥有一个更加辉

图6-2 "外意识"对人类内意识的复现与超越

煌的未来，为人类带来更大的价值。

我们已经深入讨论过人类"外意识"创造过程中的"孤狼"式创新模式，以及"外意识"在发展过程中要受到物质世界与人类的双重牵制。在此不再重复。

下面，让我们跳出下层具体技术与方法，也跳出信息技术产业领域，站在整个人类社会的层面，来看一下"外意识"在推动整个社会全面智能化、数字化的历史进程中，还有哪些被忽视的、尚待开发的处女地，寻找广阔而诱人的、对社会数字化影响深刻而长远的全新蓝海，谈谈我们该如何扬帆启航。

6.2 "外意识"的一片广阔蓝海：个人数字化

可能是因为长期存在的对信息技术本质的理解偏差，"信息化""数字化""智能化"等并没有明确定义的词汇先后出现，导致很多人纠结它们之间到底有什么差异。如果我们看这些词在实际中的使用就不难发现，它们很难被严格区分开来。而数字化或许更能有效覆盖信息技术对社会的推动作用，毕竟信息技术应用就是基于对数字化信息的处理而实现的。所以我们下面就采用"数字化"这个词来表达"外意识"在社会中的应用。

信息技术诞生于20世纪40年代，那是一个全球热火朝天的工业化"钢铁年代"。

工业革命彻底改变了农业社会家庭作坊式零散的社会基础结构，将人们聚集在了各种名目的"组织"当中。以企业为典型代表的各类组织成了社会运转的基本功能单元，个人被包裹在了各个组织之中，仅仅作为组织这台巨大机器上的一个零件而存在。如果不属于某个组织，一个人基本就被社会边缘化了。单位归属成了一个人最重要的身份标识，或因单位而显赫，或因单位而卑微。

前几年热播的《人世间》就描述了国企改革时下岗人员的各种遭遇——他们失去了"组织归属"。其实在美国直到20世纪90年代，大公司裁员时也会发生如员工自杀的悲剧。工业社会造就了个人对"组织"惊人的、从物质到精神的双重依附。

工业社会中的组织统领一切，导致起步于工业时代的信息技术应用，从一开始就是面向组织的，被用于实现各种组织性的功能。这是社会大环境造成的必然结果。当然还有一个次要因素——这也是信息技术阶段性发展的必然结果。在信息技术起步后的很长一段时间内，应用的烦琐与价格的昂贵使其只可能服务于组织而非个人。

因此组织的数字化，成了社会数字化进程的起点。在由组织构成的工业化社会中，组织被数字化了，社会便在很大程度上实现了数字化。被包裹在组织内的个人，在组织数字化的过程中会顺带享受一些"外溢"效应，但个人一直不是数字化过程中的一个主要的独立对象。

但情况很快发生了改变。

随着互联网的发展，到了21世纪初，基于互联网的社会性数字化服务平台成了社会数字化的主战场。各种社交、购物、SAAS服务等面向个人与组织的互联网公共服务在推动数字化的进程中扮演了十分重的角色，一度让"互联网文化"成了一块强势的话语高地。随后，传感器技术的进步带来了物联网的兴趣，从而开启了社会数字化的另一个新领域：人类生存环境的数字化。从家庭到城市，传感技术遍地开花，让一切尽在掌握之中。

组织数字化、社会性数字化服务平台服务、生存环境数字化构成了当今社会数字化的三大主要领域。几乎所有从事"外意识"应用开发的企业都在这三个领域纵横驰骋。

如果我们仔细观察其实不难发现，在这张拼图中缺少了一个基本的、也是最重要的社会构成要素：个人。

个人需要数字化吗？个人可以数字化吗？社交购物不是个人数字化吗？对潮流的盲从与"历来如此"的心理惯性常常会遮蔽我们的双眼。

首先，社交购物仅仅是社会性数字化服务平台从人的消费者属性出发而提供的服务,并非类似组织数字化那样以每个人为完整主体的个人数字化系统。其次,信息技术带来的社会变化,让个人数字化已经成了一个必须面对的挑战,这是无须广博知识、深刻洞察与复杂思辨即可得出的清晰结论。

*"组织独裁"的瓦解:个人与组织解耦

我们大谈信息技术对社会的深刻改变,诸如世界变平了、人工智能在抢我们的工作、世界在去中心化等或真或假的话题,却忽视了人类社会运行的基本功能结构正在发生又一次重大变革:继工业社会将人从家庭作坊聚集到组织中后,信息社会正在推动个人与组织的解耦,让个人在各种组织之外获得了更大的自由空间。工业社会中"组织独裁"的格局,正在被信息技术瓦解。

工业社会带有明显的"钢铁"特征,组织也充满了"刚性",上下班按时打卡便是一个典型的表象。信息技术应用作为人类的"外意识"渗透到社会的各个层面与角落之后,给"刚性"的工业社会注入了人类意识所特有的"柔性",让信息社会具有了越来越大的"弹性",包括社会中的各种组织也在日益柔性化。

组织的"弹性"化给组织中的个人带来了一些重要的变化。个人工作时间与场所开始弹性化;个人的主动性、创造性被日益重视,而不仅仅停留在扮演组织流程中的"螺丝钉";个人与组织的关系也不再仅限于单一的形态。全时、短期、兼职等工作形式大量并存,以至于近年来出现了"斜杠青年"的说法，指的就是那些同时供职于多个组织的年轻人。

这些变化，一方面导致个人不再是组织被动的附庸，与组织开始"解耦"，形成一种"松耦合"的关系，在为组织工作的过程中，获得了更大的自由度与自主性；另外一方面，个人也获得了在组织管辖范围之外的更大的发展空间。

而社会的弹性化，让个人可以独立获得更多的资源，越来越多的人不用依附于某个组织即可自主创造价值，获取回报，实现经济独立。这是一群与组织"脱钩"的"灵活就业"群体。

据国家统计局公布的数据，我国2021年灵活就业群体规模达2亿人左右，"据调查，一些平台外卖骑手达到400多万人；在平台上从事主播及相关从业人员160多万人，比上年增加近3倍。"（见"国家统计局：目前我国灵活就业人员已经达到2亿人左右"，来源：澎湃新闻）

2亿人左右"灵活就业"意味着什么？中国目前的就业总人口约为7.5亿人，2亿人左右占了其中的36%。

这意味着，灵活就业已经从过去的边缘形态，上升为某种主流。

据全国高等学校学生信息咨询与就业指导中心数据统计，2020

年和2021年全国高校毕业生的灵活就业率均超过16%。根据本科生就业率的统计办法,毕业后选择考研也是算在就业率里的,按现在本科生几乎一半考研的比例,16%的灵活就业率意味着在真正走向社会的毕业生中,选择灵活就业的人数几乎要占到了一半。(见"2亿人灵活就业,意味着什么?"来源:网易新闻)

*个人数字化:社会数字化的基础与目的

如果说以能源利用为核心的工业革命将个人从土地的束缚中解放了出来,那么正在发生的以信息技术应用为核心的智能革命,则正在不断地让个人冲破工业化形成的"组织"牢笼而获得更大的自主性与独立性。这是一场人类社会结构的深刻变革。

个人与组织的"解耦"——不论是两者的"松耦合"还是"脱钩",从社会功能的层面来看,都意味着个人在不断获得更加独立的主体地位,成了新的独立的社会基本功能单元。社会运转的基本功能单元构成的这种变化,必然要体现在社会数字化的过程中,导致社会数字化必须把个人作为与组织并列的社会基本支撑角色纳入进来。

在这种社会基本结构的演变下,社会整体的数字化便出现了一片崭新的蓝海:个人数字化。它将与生存环境、组织及社会性服务的数字化一起,构成社会整体数字化的四大战场,成为智能纪元人类社会智能化的最重要的领域之一。

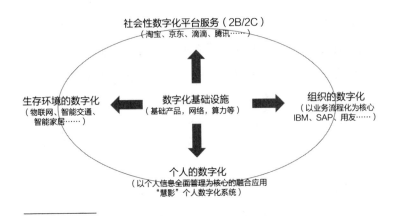

图6-3 社会数字化的四大主要战场：个人数字化为根基

作为在组织之下的最为基础的社会功能单元，个人的数字化显然将具有更深刻的意义与更广泛的影响，将带来数字化其他三个方面的形态变化，成为社会数字化的根基，也是社会数字化的根本目的所在——社会的一切发展都要以人为本，数字化也不例外。

就像组织拥有一些信息技术产品仅仅是数字化进程的起点那样，个人的数字化也绝不等同于拥有一些个人智能数字化产品。数字化的核心与灵魂是提供各种服务的"外意识"，而非硬件产品。

图6-3中的三个"传统"数字化领域在各自采用的技术、服务的形态等众多方面都有很大的差异，所以新兴的个人数字化也必然在各个方面拥有自己独特之处，绝不是简单地复制其他领域的数字化经验与做法为个人所用。

一如在其他三个数字化领域中发生的,以及我们前面分析指出的那样,在个人数字化的构建中,人的智慧必然扮演核心的分析、创造和设计角色,而知识图谱、人工智能乃至正逐渐升温的"具身智能"等各种新旧技术则属于下层支撑性技术,是解决具体问题的工具与方法。

*个人数字化:以个人为主体的"融合聚变"

今天我们作为个人已经在充分享受数字化的成果,从社交网络到花样繁多的手机App再到数字家电,还有各种数字化"可穿戴设备",几乎"武装到了牙齿"。但是就像企业不是用上了电子邮件、给员工发台办公电脑就算实现了数字化,碎片化地使用数字技术成果并不是"个人数字化"。

个人数字化,是系统化地利用信息技术,全面地支撑个人一生的工作与生活,是以个人信息的全面管理为基础的系统性融合化服务。

"信息技术"顾名思义,是以信息/数据为基础去实现应用目的的技术。当信息技术发展到了"大数据"时代,个人的数字化理应是从底层开始,以个人信息的全面管理为基础的,而不用将建立孤岛式的表层单项功能应用,打破孤岛壁垒实现互通,最后再实现底层数据的整合的这种传统数字化的过程再走一遍。

在"暴力计算"的"大数据""人工智能"时代,个人信息的全面管理不难。其实不然。它构成了巨大的技术挑战,远非对个人信息"分分类""打打标签"那样简单。实现个人信息的全面管理,需要充分理解个人感知、理解和使用信息的过程,把看上去零碎、分散、个性的信息中可逻辑化的、能由计算机实现的共性结构描述清楚,同时给个人留下合理的、可自主操作的弹性空间,以此为基础,实现个人信息的全面管理。

这是一个对高度复杂事物的抽象建模的过程,从而让计算机精确、强调逻辑的长处与人脑灵活但模糊的特点实现有效的互补。在将个人所拥有的比较完整的数字化信息注入模型后,模型实际上就成了个人在虚拟空间中的数字化的"映像"——"个人虚拟映像"(见《智能化未来:"暴力计算"开创的奇迹》,第五章"智能的投影:主体虚拟映像",谢耘著,机械工业出版社,2018年出版)。之所以称之为"映像"而不是"孪生",是因为孪生暗含了两个事物间的对等关系,而虚拟空间中的数字化内容与其所反映、对应的实体之间不是简单的对等关系,而是"主体"与"从属"之间的"映像"关系。

"个人虚拟映像"的建立,为围绕个人的应用设计开辟了一条不同于传统数字化建设的道路。由于"个人虚拟映像"围绕"个人"这个主体将信息融合在了一起,所以每一个应用都可以无障碍地获取任何需要的信息,这使得建立以实际场景而非单线逻辑功能为依据的应用融合变得更加便利。它从系统的基础结构层面消除了信息

"孤岛"产生的土壤(见《智能化未来:"暴力计算"开创的奇迹》,第七章"智能化融合应用:从'点'、'线'到'面'",谢耘著,机械工业出版社,2018年出版)。

"个人虚拟映像"的建立,为个人数字化系统的不断丰富、完善与成长,提供了信息层面的基础性保证。它将使个人数字化系统不仅仅是一个满足个人需求的工具,也是个人成长发展的知心伴侣,成为个人的"外脑"或"第二大脑",不断地向外拓展个人意识能力的边界。

具体来看,个人数字化系统与传统的、互联网模式的应用服务相比,应该具有如下独有的特性:

A. 个人绝对掌控的信息/数据安全:

信息/数据基本存贮模式是加密后存储在个人的本地设备上;个人选择将信息/数据存储在云端时,云端模式类似于银行的"个人保险箱",必须使用个人拥有的保险箱密钥才能进行解锁。

Web3.0中采用的公共网络上的区块链技术来保证个人数据资产的个人独有、控制与安全,并不能真正满足个人数字化的需要。个人信息/数据要无条件地掌握在个人手中,哪怕网络因故障而瘫痪。所以在没有个人授权操作的情况下,个人数据必须保存在个人绝对拥有所有权与控制权的个人设备中。

B. 场景化的融合应用：

组织是人工设计的，其主要活动都有比较清晰的逻辑流程。所以组织的数字化系统是以严格的逻辑流程为核心的，虽然那些流程事实上有很多的无效成分。个人则不同，个人的活动既有内在的逻辑性，又有较强的个性化与随意性，并非严格的流程性的，它体现为各种场景下的活动。所以，个人应用服务的设计有三个主要特征。

首先，个人应用服务的设计体现的是灵活性与逻辑性的有机结合。这种结合将给个人留下合适的自主把控的空间，不会强行将个人嵌入僵硬"完备"的逻辑流程之中做无用功，也不会让个人身陷社交网络的信息"乱炖"中消耗宝贵的精力。

其次，个人应用的设计是场景化的。围绕不同的个人化应用场景，充分利用计算机整合不同功能的能力，将不同的单项功能有机融合在一起，实现对个人活动的有效支撑。比如沟通（社交）功能会融合在不同的场景应用中，有针对性地支撑各种不同的具体活动，而不是仅仅作为功能单一的独立应用存在，导致不同场景下的应用信息在沟通（社交）应用中混杂在一起。单项功能与场景应用在系统中被划分为两个不同的层面，单项功能的融合构成了场景化的应用服务。

最后，场景化应用服务的再融合。所有的功能与应用服务构建在同一个个人虚拟映像之上，从根本上消除了传统数字化条件下的信息孤岛与互联网模式下的信息散乱,支撑了不同的场景化应用服务之间的再融合,将各个应用服务按照个人活动的自然方式有机地连接起来。

C．平台化高度双向开放性:

个人数字化不只是一个单一的应用系统。在这一点上它与组织的数字化系统类似,将由一个建立在个人虚拟映像之上的基础性核心系统与多个专用系统构成一个完整的整体。这个整体也不是一个孤立的应用集合,它需要充分反映人的社会性,与社会性数字化平台等系统有着广泛的双向联通。这是个人数字化系统的平台化特征的一种体现。系统的对外开放将在个人的授权控制下进行,以有效保证个人的隐私权。

D．个人数字化设备的灵魂:

个人数字化系统将作为服务于个人一生的"外意识",分布式运行在从家庭服务器到移动终端再到可穿戴设备等各类个人数字化设备之中,成为将这些设备无缝连接起来的灵魂,让它们组成一个体系,全面地服务于人的方方面面。

如图6-4所示,个人数字化系统不仅服务于个人的私人事务,还支撑个人的工作活动与职业发展。它会以其充分发挥个人自主性的特长,有效地填补组织数字化系统严密的逻辑流程之外的大片灵活区域。

图6-4　以"个人虚拟映像"为核心建立个人数字化系统

从前述四个方面可以看出，从基本理念、核心技术再到具体应用服务，个人数字化系统将有自己新的独特模式，它既不同于从流程出发，追求"完备逻辑"、流程严密的传统的信息化系统（见"从个人与从组织出发的信息应用系统的本质差异"，微信公众号"慧影Cydow"，2020年9月25日），也不同于一些提供离散化功能，并利用自己的强势地位占有客户个人信息的互联网平台。它是在充分尊重个人隐私的前提下，以每个人为出发点，通过建立虚拟空间中的"个人虚拟映像"，将计算机的严密逻辑与人性的灵活主动有机地融合起来，让个人数字化系统如影随形地伴随个人、帮助个人、提升个人、发展个人，成就个人更有价值的一生。

慧影，就是这样的个人数字化系统。作为全球首个商用个人数字化系统（见"慧影，你的外脑，如影随行的个人数字化系统"，微信公众号"慧影Cydow"2024年6月18日），它不是一个简单的用于信息查询、知识检索或例行公文写作的个人助手，而是提供反映了人生内在逻辑的全面服务。它只能是人的智慧创造，那些认为可以依赖人工智能去生成这样的系统的想法是不切实际的幻想。如上一节中指出的那样，人工智能等方法只能也必然在这个系统中扮演一个解决具体问题的角色，从而让它成为一个高度智能化的系统。而这里的"智能"，不仅仅有人工智能，更有人的智能。人的智能体现在系统的设计与使用等各个阶段，以各种形式发挥关键核心作用。

个人数字化果真是一片拥有远大前景的广阔蓝海吗？准确预测一个初生的、未曾出现过的事物的未来是极具挑战的，跟随模仿的实践再多都很难锻炼出这项能力。即使利用基于大数据和统计方法的人工智能技术，也没有一个操作性的方法论可以让我们准确地预见未来。

但是在判断未来前景方面，还是有一些指导性原则可以为我们提供有效帮助的。

首先，一个技术/产品/服务如果有足够大的"时空"应用潜力，它便可能逐步形成一个巨大的市场生态。智能手机相比于个人电脑等产品，就具有在时间（随时可用）与空间（随地可用）上更大的应用潜力。所以虽然在许多功能上至今依然不及个人电脑，但其市场生态规模从小到大，已发展到令个人电脑无法望其项背了。

其次，一个技术/产品/服务如果会对社会形成更加广泛的覆盖与深层的渗透，它便可能成为推动社会变化的举足轻重的力量，相关的生态圈在产业中必然会占有重要份额。智能手机就逐步形成了对社会全员的广泛覆盖以及对社会各个领域的深度渗透，进而深刻地影响了社会的发展。

其实以上这两点是从两种不同的视角去分析同一个特质：一是比较抽象的时空视角，二是相对具象的社会视角。

我们不难理解，个人数字化系统在时空应用、对社会的广泛覆盖与深入渗透的潜力方面必将大大超越由硬件主导的智能手机。它必将孕育出一个更加庞大的产业生态圈，对社会的发展产生更加广泛而深刻的影响，到那时，智能手机将仅仅是这个产业生态圈中的一个组成部分。

个人数字化孕育的产业生态不会仅仅与软件服务相关，它将包括芯片等基本硬件、操作系统等基础软件、智能设备等终端产品，以及面向个人和家庭的网络服务器支撑环境等，连接起一条巨大的生态链，其核心将是跨设备的以"个人虚拟映像"为基础的若干个人数字化应用服务系统组合以及相应的云服务。

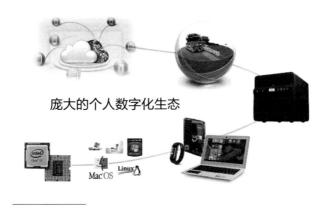

图6-5 个人数字化产业生态示意

我们总是无意识地把今天当成了永远,以当下的存在为"模板"去推断未来的可能性。拘泥于今天,我们就难以构思出未来个人数字化产业生态的宏大。但是,根据我们都经历过的个人智能设备发展的真实历程及其背后的逻辑,我们应该还是能够或多或少地体会到个人数字化可能带来的对产业和对社会的惊人颠覆。

个人的数字化,才是社会数字化走向成熟的标志。个人数字化将深刻而全面地影响社会的数字化进程,是未来的一片广阔的未知蓝海。

底层具体的技术创新如人工智能的新算法等固然重要,但是站在人类社会发展的高度,看清"外意识"可以施展本领的整体图景,发现其中的新方向、新蓝海,则具有更加重大的战略性意义。

没有高瞻远瞩，就没有光明的未来；没有扬帆未知蓝海的胆魄，就将永远受制于人。

社会数字化在四个方面的全面展开，是人类正式进入智能纪元的标志。社会数字化的每一个方面，都将包含如图1-11所示的"外意识"的五类基本作用中的若干或全部。而在"外意识"的五类基本作用中，我们都能看到人工智能等解决具体问题的使能技术的身影。这就是"外意识"在推动社会全面数字化过程中宏观、中观与微观三层基本结构的概括性全景。

进入智能纪元是人类文明的一次重大跃升。但智能纪元并不只有灿烂的阳光与美丽的鲜花，更有文明层面巨大的、前所未有的挑战。

6.3 "外意识"爆发给"人之所以为人"带来的挑战

1946年诞生的电子计算机不是"电子算盘"，而是人类创造出来的史无前例的、对人类文明的发展具有里程碑意义的"意识性技术与工具"。它让人类文明的发展历史性地拥有了两个"车轮"：物质性与意识性的技术与工具。所以它的意义超越了工业革命，接近人类几十万年前借助制造的工具告别动物界。它开启的是人类文明的智能纪元。因此，人类今天所面临的变化与挑战，比起人类文明从农业到工业形态的转变更加全面深刻。我们不能简单地沿用物质

6 "外意识"的未来发展与挑战

性生产、依附于组织的就业、传统经济增长及社会治理等工业文明时代的视角来看待正在发生的变化和挑战。

面对人类新的创造,我们需要新的眼光、新的视角和新的应对措施。我们必须从构成人自身的两大基本要素——物质与意识——这两个视角去审视问题。

人类创造的工具,不仅帮助人改变着外部世界,也同时在改变人类自身,"外意识"亦是如此。它对人类自身的改变在两个"隐性"方面影响尤为深远。

*侵蚀"人之所以为人"的根本基础

在2010年前,计算机的处理能力还捉襟见肘,所以计算机应用或称人类的"外意识"尚不发达,没有显现出其深刻改变人类社会的作用。2010年后,由于集成电路技术跨过了一个关键的发展节点:从32纳米迈向了22纳米量级,让计算机进入了"暴力计算"时代。"暴力计算"对于信息技术应用这个人类的"外意识"而言,类似于物质性技术与工具发展历程中的工业革命,它给"外意识"提供了强大的发展动力。以人工智能为代表的各种应用自此到处开花结果,催生了所谓的"第四次工业革命"。

许多人惊呼人工智能将取代人类,至少将造成大量失业。其实这种焦虑是有些多余了。在工业革命发生之初,社会上充满了同样的焦虑，而后来的事实证明，虽然许多工作被机器代替，但是由于机器的出现而产生了更多的工作，从而吸收了大量的农业人口。

不必过于为失业焦虑并不是说"外意识"的发展不会带来重大的潜在问题。事实上对于人类来说，问题将相当严重，严重到关乎人是否还将是"人"。

人类物质性技术与工具的发展有一个显而易见的后果，就是物质性工具承接了大量体力工作，让人类的体能退化了。所以在一些科幻作品中，未来人类的形象是在一具瘦弱的身躯上顶着一个硕大的脑袋：人类智力高度发达，但体能严重萎缩。甚至外星人也被描绘成了这个样子。

尽管人类体能不断退化，各种曾经的"老年病"也开始在中青年甚至青少年群体中大量出现，但由于经济状况的改善和医学的进步，人类的预期寿命得到了大幅提升，所以人类并没有太在意这种退化，因为我们本来也不是依靠体能成为"万物之灵"的。

与此类似，我们不难理解，意识性技术与工具的大规模普及与应用也会导致人类的退化，但这次不再是体能，而是智能。问题的性质变了。

当"外意识"可以代替人类从事越来越多本来需要我们自己劳神费力的脑力劳动后，我们的大脑就会逐步退化。或许很多人会说，机器不过是代替我们做一些相对简单的日常性工作，重要的复杂工作不是还要靠我们自己吗？何来退化一说？但如果我们认真思考就不难理解，当我们放弃那些看上去"简单"的脑力劳动后，我们几乎必然会逐渐失去从事复杂脑力劳动的能力。因为复杂技能都是建立在简单技能之上的，失去了简单技能，复杂技能必然不复存在。这将是一个不知不觉的退化过程，就像坚硬的岩石最后风化为尘土。

如果这种退化现象大规模发生，它对人类的意义必然完全不同于体能的退化，因为人类正是靠智能区别于其他物种的。如果智能大规模退化，我们是否将逐步丧失"人之所以为人"的基础，而转头向动物界回归？

近年来有多项研究表明，在最有条件使用现代智能工具的发达国家中，人们智力测试的平均成绩确实在下降，转折点出现在1995年（见"IQ decline and Piaget: Does the rot start at the top?"，发表于 *Intelligence* 杂志，2018年1—2月第66卷，第112—121页）。有趣的是，1981年IBM将个人电脑推向市场，1990年美国向社会全面开放互联网。所以信息技术应用是从1990年左右开始在发达国家和地区大规模普及的。

我们必须承认，懒惰是人性中很难克服的弱点。但凡有工具可以依赖，绝大多数人都会选择不再自己劳心费力。高度自律是人类中少见的宝贵品德。所以随着各种智能应用的出现与普及，绝大多数人的智能退化恐怕很难避免。其实这种现象在互联网上已经比较明显了。许多人已经不为自己缺少基本常识而感到羞耻，甚至根本意识不到自己缺少常识了。智能的退化不仅会影响人际关系与社会公平正义，更是一个侵蚀"人之所以为人"的根本的严肃问题。

人类里程碑式的创造，给自身提出了一个前所未有的挑战：我们是否还会继续作为"人"而存在？自工业革命后，人类通过强制性义务教育等一系列举措追求社会公平正义的努力是否可能前功尽弃？人类内部是否会出现智能上的两极分化，甚至形成两个渐行渐远的不同物种？

*诱惑人类脱"实"入"虚"

意识性的信息技术不仅产生了具有不同功能的各种"外意识"应用，而且将大量"外意识"编织在一起，形成了一个虚拟空间。

这个虚拟空间不仅向人讲述着自己的"故事"，还讲述着外部真实世界的"故事"。每个人在虚拟空间中耗费的时间越来越多。朋友或家人一起出去吃饭，上菜前各看各的手机已经是司空见惯的场景了。

虚拟空间对人的关注与精力的不断吸引，将带来两个严重的问题。

首先，我们在不自觉地疏远真实的世界，包括自己的同伴。虚拟空间中的接触永远无法完全等同于现实世界中面对面的交流。这一差别在教育行业表现得尤为突出。这种疏远带来的一个实质性问题便是我们对真实世界的实在感知会随之减少。而一个人对真实世界的实在感知是他的理解能力赖以建立的基础，我们在前文中对此做过深入的解析。

对真实世界的实在感知的减少，必然导致对其正确地理解认识的能力的降低。或许有人会说，人们将从虚拟空间中获得更多的关于真实世界的认识。这就引出了第二个问题。

虚拟空间是人类创造的。这几年流行的一个热门词汇就是"数字孪生"，但这个词汇带有极强的误导性，甚至在一开始就是出于商业目的，而非本着科学原则被制造出来的。我们前面已经指出，"孪生"的本意是指两个完全等同的存在物。虚拟空间中存在的并非真实存在的对应物，它仅仅是真实存在之物的一个"虚拟映像"。通过"虚拟映像"去感受真实存在，必然有难以估计且不自觉的遗漏、偏差与扭曲。这种遗漏、偏差与扭曲不仅源于"映像"与真实存在之间的差异，还源于构造"映像"的人对真实存在的认识局限。如果人类对真实存在的感知越来越多地依赖虚拟空间提供的信息，这种遗漏与偏差还会在人们不知不觉中持续积累。

依靠"虚拟映像"去构建对真实存在的认识，类似于用"读万卷书"代替"行万里路"。而我们的先辈早就清楚这两者不可互相替代，都必不可少。

虚拟空间带来的这两个严重问题可能会导致人类与真实世界不断疏远与割裂。不论我们如何赞美和陶醉于人类创造物的宏伟与精致，这种疏远与割裂都不应该是人类正常的发展方向。

如果人类最终蜷缩在自己构造的虚拟空间中，而与真实的世界格格不入，发展出"真实世界恐惧症"，从而在物质性生物存在的意义上否定自我，那恐怕意味着末日的降临，而非人类文明的进化。

第一次工业革命后，人类借助现代科学与技术在物质性技术与工具的发展上一路高歌猛进，甚至可以说肆无忌惮，毫不在意无限制的发展引发的各种不良后果，包括对人类生存环境的破坏及对自身健康的威胁。

1962年，《寂静的春天》一书在美国出版。虽然书中有诸多不准确甚至错误的地方，但是它拉响了人类环保事业与可持续发展模式启航的汽笛，成为改变人类物质性技术与工具发展轨迹的不朽之作。作者蕾切尔·卡森（Rachel Carson）在书的前言中写道："这些战斗将最终取得胜利，并将理智和常识带回给我们，使我们与环绕着我们的世界和谐相处。"

物质性的破坏作用直观且易于科学地评估，却还需要付出巨大的社会性努力才能形成共识；意识性的不良影响就要隐蔽很多，而且难以客观估量，人类对意识性技术与工具的管控将会困难千万倍。

图6-6　蕾切尔·卡森与《寂静的春天》

今天，当"暴力计算"将包括人工智能在内的"外意识"的发展推向一个前所未有的高潮时，我们需要冷静、理性及睿智地面对它带给人类的前所未有的机会与挑战。

首先，我们需要把信息技术明确地当成意识性技术来看待，这是考虑一切相关问题的基点，而不能按照习惯把它归入传统的物质性技术与工具之列。物质具有客观机械性特征，对物质性工具可以做到客观评价；意识则天然具有主观性与个体性，消灭了意识性工具的主观性与个体性也就消灭了"外意识"本身。人类社会有许多管理意识活动的经验与做法可以借鉴，当然更有巨大的挑战需要我们去应对。"外意识"借助网络对社会产生史无前例的渗透性，ChatGPT用户数量的爆炸性增长就是一个典型的例子。这是传统的意识性活动所不具备的。

其次，在人类的物质极大丰富、意识性工具花样迭出的今天，提升人类每一个成员的自我约束、自我管理、自我负责的意识，而不是一味依靠极少数精英设计的强制性的外部规则，可能才是人类文明能够持续健康发展的出路所在。其实归根结底，任何社会约束都要建立在大众共识之上。提升大众自我约束、自我管理、自我负责的意识是所有国家与民族都无法回避的挑战。

新的挑战需要新的创造，试图走回头路便是放弃未来。

回望历史，人类每掌握一种新的强大力量之后，自我约束、自我管理、自我负责的意识必然相应地提升，否则灾难便会降临。20世纪初人类掌握了强大的物质性科学与技术后，很快陷入空前的混乱与灾难之中。但在威力足以毁灭地球的核武器出现后，却至今没有发生全球规模的热战，正是因为经历了两次世界大战的人类从惨痛的教训中汲取了经验，建立了新的国际秩序，改变了原先国际社会弱肉强食的丛林法则。

所以人类文明的发展，不仅仅体现为工具的进步，还必须伴随着人类自我约束，即文明程度的相应提升。工具过去不会，在今天与可预见的未来依然不会作为有自我意识的主体威胁或奴役人类，我们面临的挑战始终在于人类如何使用自己创造出来的工具。

今天，"外意识"的出现带来的不再是人与自然如何相处的问题，而是我们如何关照自己作为一个人而拥有的灵魂的问题；"外意识"不仅体现为国家间的实力差异，更关乎每一个人如何为人、如何发展。每一个人类成员更进一步的自我约束、自我管理、自我负责必将成为影响人类文明未来发展与命运的基本因素，由此形成的社会性共识将决定着人类的文明水平与走向。

文明走向更加光明的未来并非理所当然的。人类文明的未来是光明还是黑暗取决于人类在应对自然的挑战与驾驭自我这两方面的理性智慧所达到的高度。

这或许是人类进入智能纪元后的一次关键的自我启蒙。它不是人类欲望的觉醒与释放，而是人的理性智慧的再一次跃升。

人类已有的创造给自己带来了巨大的挑战，人类未来的创造会走向哪个方向？科学与技术的"止境"在向我们传达着什么样的深意？

6.4 回归凡夫：人类感知与认知的边界

前面我们讨论了人类在科学原理的发现上停滞不前的局面。下面，我们先从另外一个角度去看一下那五个重大的科学问题，去探寻科学止步可能的深层原因。

对物质底层结构的探索，从根本上来讲应该是基于人类可观测的某些现象开展的。如果不从可观测的现象入手，而仅从概念逻辑上去假设思辨，就违背了科学探索的基本模式。事实上，迄今为止不论是在地球上还是在宇宙中，我们都没有观察到能反映物质在基本粒子之下的结构的现象。

物质任何一层的结构变化，都伴随着宏观的能量变化现象。越到结构的底层，能量变化的强度越高。目前在基本粒子层面的结构变化导致的能量变化现象，最典型的便是核聚变释放的能量。核聚变不论是在宇宙空间还是在地球上，都已经被确认或实现。如果基本粒子还有更下一层的结构，那么它的变化对应的能量变化强度应该超过核聚变若干数量级。即使人类没有能力通过改变基本粒子之下物质结构而产生对应的能量变化现象，在宇宙空间中应该也会发生这种现象，而与之伴随的、表现在宏观层面的能量变化现象是很容易被观测到的。但是迄今为止我们并没有观测到无法用现有理论解释的、极其暴烈的能量变化现象。

弦论就是这样在没有现象对应的情况下，人类自己凭空"编"出的一个关于基本粒子下层结构的理论。根据这个理论，"弦"一层的结构变化伴随的能量现象，只有在宇宙大爆炸最开始的瞬间才会出现。不幸的是，人类永远不可能有机会观察宇宙大爆炸的瞬间是什么样子，因为那个时候宇宙中没有人类存在。"这个理论极有可能不正确，但我们还是会严肃地对待它，因为它具有真正的数学魅力。"从事弦论研究的物理学家皮特·戈达德（Peter Goddard）如

是说。(见"弦论：物理世界的数学奇迹？"，发表于《环球科学》2021年1月号，第85页)

不过这句话反过来说似乎更加符合科学的原则："虽然弦论具有真正的数学魅力，因此有人愿意严肃地对待它，但是这个理论极有可能是不正确的，因为它不是基于观测到的现象而构建出来的。"试图将引力与其他三个作用力统一的努力与弦论很像，也是在没有对应现象的情况下人类自己做出的猜测。实际上弦论也号称能够把引力与其他三种作用力统一在一起，它们可以说是"物以类聚"。

所以，对物质底层结构的研究无法取得新进展引发的问题在于：对物质底层结构的探索是否已经到达了人类感知能力在一个方向上的极限，而不是我们的理论构建能力不足？

我们应该意识到，不论借助什么样的仪器，人类的感知能力都是有极限的。人类的感知能力受限于三个基本因素：人类在宇宙中存在的时间尺度、空间尺度，以及人类自己具有的感知能力。仪器是对人类感知能力的拓展，但依然受限于人自己的感知能力。因为任何仪器都是人类认知的产物，而人类的认知都是在感知基础上形成的。人类正是靠自己的感知能力发现了光的反射与折射现象，才制造了望远镜这个拓展人类自己感知能力的仪器。有限的基础是不会产生无限的拓展的，就像基于欧几里得几何的公理推导不出黎曼几何。所以仪器对人的感知能力的拓展是有限度的。

因此，人类对物质底层结构的认识，可能已经走到自身感知能力可以拓展的一个方面的极限了：人类对极细粒度物质现象的感知能力边界。从另外一个方面也能看到这个迹象：在宏观物理学方面，人类没有什么理解上的歧义，但是对微观量子理论的解释至今都有很大的争议，各种解读千奇百怪。这或许就是因为人类在对微观现象的感知方面已经逼近极限，由此带来了严重的理解上的困难。

如果深入到对量子理论的各种解释中我们会发现，之所以出现各种不同的说法，是因为我们已经无法将通过仪器观察到的量子表现与我们的实在感知关联在一起了。"波粒二象性"这一有些"拧巴"的表述就是这种感知关联出现严重困难的例子。这种关联的失效导致了"理解"量子现象时的"各抒己见"，而如前所述，理解是认知的核心。"为了真正能理解我们对量子世界到底知道些什么，我们确实应该花点力气去理解'理解'自身到底意味着什么。""波粒二象性是一个典型的例子，在那里我们用两个互不相容的、适用于同样量子实体的类比去努力'理解'我们不理解的东西。"（分别摘自《寻找薛定谔的猫》，第390页，第403页，[美]约翰·格里宾著，海南出版社，2009年2月第2版）

人类在走向星际空间时遇到的困难，也源于人类的感知能力的限制，但这个限制是就人类对太阳系外大尺度空间中发生的物质现象的感知能力而言的。仅凭对电磁现象与引力现象的远程观测，人类对太阳系外大尺度空间中物质现象的认识也是有极限的。钱学森将这方面的研究称为"宇观"。

感知是认知的基础与前提，我们无法去认识和理解我们感知不到的事物与现象。因此，从"理解"的角度来看，感知的极限也是认知的极限。所以如果人类在微观与"宇观"这两方面的感知能力无法再进一步提升，这两方面的认知便必然存在极限，而且是人类无法逾越的。这是人类自身的生理物质属性决定的，无法通过时间积累、众人协同或提升认知能力来突破。

但是对复杂系统与意识活动的认识则与此不同。

对于复杂系统或意识活动，我们还没有遭遇感知的极限，而是在现有的感知基础上遇到了认知能力的障碍。我们无力构造出一个恰当的普适性描述，从因果作用的角度来预测它们的发展变化。一个典型的例子就是深度学习网络。对于它，我们完全不存在任何感知困难，但在认知上却几乎束手无策，遭遇了可解释性的难题。而深度学习网络既是一个"简单"的复杂系统的样例，又是一个人造的"简单"的意识性活动过程。

人类感知的基础是生理功能，它是有硬性限制的，所以它对认知的限制也是硬性的；但是人类的认知能力本身，即从感知中分析、抽象、发现的能力，似乎还在不断发展，这属于意识活动能力。因为我们还没有关于意识活动的基本理论，所以也无从知晓它的边界在哪里。从目前来看，它似乎还有提升与创新的空间。

正因如此，在现代科学面临的五大难题中，对复杂系统与意识活动的认识或许更有希望在未来取得某种程度的突破。虽然这种突破可能与我们原来预期的不一样,甚至很不一样。就像当初科学的诞生与发展并没有解释人类原本最关心的"为什么",而是转向了描述"是怎样"。虽然与预期不一致,科学却也为人类开辟了一片新天地。

对复杂系统与意识活动的认识,是否会再现这一情景?这可能需要既能突破现代科学框架与思路,又肯从细微琐碎开始做起的复合型人才的努力。

不过历史虽然可能相似,却不会简单地重复。

现代科学的诞生,为人类极大地拓展了物质生存空间,从深入到基本粒子到奔向太空、窥探寰宇。如果在这些方面我们的认知能力受感知能力的限制无法带来新的突破,五大挑战中前三个将成为永无答案的猜想,我们的物质生存空间也将被锁死在太阳系之内。

果真如此的话,人类未来所有的努力,包括正在推向实用的自动驾驶汽车、重返月球与登陆火星、异种器官移植、吸引了广泛关注但实用化依然遥远的脑机接口、试图让机器具有自我意识的"具身智能",以及复杂系统与意识活动研究可能的重大突破所引发的我们还无法预测的创新,这一切的一切,如果只考虑它们的正面效果,其意义也仅仅是让我们在太阳系这个有限的"家园"里生活得更加方便、舒适与精致。

现代科学诞生以来，不断认识自然、征服自然、改造自然的雄心壮志似乎正在消退。马斯克移民火星的计划即使可行，也更像是给人类在环境极端恶劣之地建立了一个避难所，而不是拓展出一片有更多可能性的新天地。人类陷入的这种境遇让我们看上去颇有点像被造物主"圈养"在太阳系内的宠物。

我们终究是凡夫，有着自己不可逾越的极限，高速的发展意味着更快地逼近这个极限。我们确实应该认真思考一下，人类该如何面对这种可能的宿命。

人类是以理性智慧立足于大自然的物种，理性智慧也是照亮人类文明未来发展之路唯一的明灯。如果我们确实是宇宙中的"万物之灵"，文明之路必定会延伸向遥远的未来。

凡夫不必成为"上帝"，凡夫亦可以有无限的精彩，只要我们勇敢探索的脚步一如既往地永不停歇。

致 谢

在书稿创作过程中,我与本书编辑刘林澍做了大量的沟通讨论,林澍提出许多十分宝贵的专业意见,特别是在与人工智能和认知科学相关的部分。

本书稿完成后,我的老同事和老朋友肖方晨在身体不适的情况下,怀着极大的兴趣反复阅读了书稿,应邀热情地为本书撰写了充满真情实感的推荐序,融会了自己投身IT行业多年来积累的丰富经验、系统思考与深刻体会。

在此对两位朋友的辛勤付出致以由衷的感谢!